江西理工大学优秀博士论文文库出版基金资助

钢中析出相的界面行为

熊辉辉　著

扫描二维码查看
本书部分彩图

北　京

冶 金 工 业 出 版 社

2022

内 容 提 要

本书基于密度泛函理论结合实验方法，从析出相的表面、碳化物（氧硫化物）/基体界面的角度，对钢中碳化物析出机理进行论述：讨论铁原子在碳氮化物表面上的吸附行为及不同合金元素对铁素体形核的影响；分析钢中常见碳化物（如 TiC、NbC、VC 等）的析出行为，并预测钢中不同合金元素对碳化物析出的影响；分析稀土氧硫化物析出相对钢材组织和力学性能的影响。本书旨在从微观角度解析碳化物/氧硫化物析出的物理根源，有助于读者更为深入理解碳化物和氧硫化物的析出及其细化基体组织机理。

本书可供钢铁领域的高校师生、研究者和企业人员学习和参考。

图书在版编目（CIP）数据

钢中析出相的界面行为／熊辉辉著 . —北京：冶金工业出版社，2022. 8

ISBN 978-7-5024-9210-6

Ⅰ. ①钢… Ⅱ. ①熊… Ⅲ. ①钢水—界面—吸附分离 Ⅳ. ①TF044

中国版本图书馆 CIP 数据核字（2022）第 122941 号

钢中析出相的界面行为

出版发行	冶金工业出版社	电　话	（010）64027926
地　址	北京市东城区嵩祝院北巷 39 号	邮　编	100009
网　址	www. mip1953. com	电子信箱	service@ mip1953. com

责任编辑　王　双　美术编辑　彭子赫　版式设计　郑小利
责任校对　石　静　责任印制　禹　蕊
三河市双峰印刷装订有限公司印刷
2022 年 8 月第 1 版，2022 年 8 月第 1 次印刷
710mm×1000mm 1/16；10. 25 印张；200 千字；155 页
定价 **66. 00** 元

投稿电话　（010）64027932　投稿信箱　tougao@cnmip. com. cn
营销中心电话　（010）64044283
冶金工业出版社天猫旗舰店　yjgycbs. tmall. com
（本书如有印装质量问题，本社营销中心负责退换）

前　　言

　　高强度低合金钢常添加少量的微合金元素，通过第二相颗粒的析出强化和晶粒细化获得优异的强韧性。近年来，微合金钢中 NbC、TiC等碳化物的析出及其细化晶粒行为已被广泛关注。然而，当前实验研究多侧重于宏观或介观尺度，而在微观原子/电子尺度上对碳化物析出行为的论述较少。第二相与钢基体界面上原子之间的相互作用是导致第二相析出及其强化的基础，而合金元素、Fe 和 C 原子的大小、电子结构以及各元素空间点阵的差异是导致界面变化的根源，因而这些问题的论述对钢中碳化物的析出及其细化晶粒的理解具有重要意义。

　　众所周知，钢中碳化物的析出可明显改善钢材的强韧性，其与细晶强化、沉淀强化、位错强化等联合可进一步提升钢材的综合力学性能。然而，大部分书籍从实验角度论述碳化物的析出行为。本书基于第一性原理计算结合实验的方法，从原子甚至电子等微观角度对碳化物析出的物理根源进行详细的论述。本书共分 7 章，主要内容包括：第 1 章主要概述碳化物的作用、析出控制及其对铁素体形核的作用等；第 2 章主要介绍碳化物析出行为以及固体-固体界面性质的研究中所用的第一性原理计算方法及其基本原理，并介绍微合金钢中碳化物的等温析出实验及其检测分析所用的实验研究方法；第 3 章介绍 Fe 在碳氮化物析出相表面的吸附行为，以此阐明 Fe 在第二相颗粒表面异质形核初期的微观本质；第 4 章通过分析 NbC/TiN、NbC/TiC 界面的性质，揭示了 NbC 在 TiN 和 TiC 颗粒上异质形核机理；第 5 章介绍界面上不同的合金元素对铁素体在 TiC 和 NbC 析出相上异质形核潜力的影响；第 6

章介绍基于密度泛函理论模拟结合等温析出实验方法揭示了 Mo 对铁素体中 NbC 析出和微观组织的影响，为进一步改善碳化物的析出及其细化晶粒提供理论依据。第 7 章论述钢中夹杂物诱导铁素体形核机理，主要包括夹杂物的表面性质和界面性质，以及夹杂物细化铁素体基体的介绍。本书是基于作者研究成果以及国内外最新的研究热点编著而成的，对高校师生、研究者和企业人员均有较大的参考价值。扫描扉页中的二维码可查看本书中的部分彩色图片。

本书是基于作者多年的科研成果撰写而成的，要特别感谢国家自然科学基金和江西省自然科学基金给予的经费支持，同时感谢江西超算科技有限公司和国家超级计算深圳中心给予的技术支持。

本书作者希望为读者呈现一本理论体系、逻辑严密、条理清晰的著作，但由于水平有限，书中不妥之处，欢迎大家批评指正。

作　者
2022 年 1 月

目　　录

1 绪 论

1.1 概述

钢铁材料是目前应用最广泛的材料之一。我国经济发展对钢材的服役性能提出了越来越高的要求，相关研究也在国家支持下持续开展并不断深入，如何进一步改善钢材的强韧性一直是钢铁行业的关注热点。

钢材的力学性能与其组织结构密切相关，微观结构中的各相形貌、体积分数、晶粒大小及析出相种类、大小、数目、分布等常常决定了钢材的性能，而上述组织结构参数均与第二相析出行为有关，因而进一步提高钢材的强韧性需要更深入地理解析出过程。人们通常向钢中添加一定量的强碳氮化物形成的元素，并通过控轧控冷工艺实现析出强化和细晶强化，以生产具有良好综合力学性能的钢材。因而钢铁材料的主要发展方向为：晶粒细化和微合金析出相。晶粒细化的独特之处在于它可以同时提高钢的强度和韧性，而微合金析出是在消耗韧性的基础上增加强度。众所周知，奥氏体晶界是其分解产物的优先形核点，而在奥氏体中人为引入碳化物析出相作为晶内铁素体形核点，可实现细小、高强韧性的针状铁素体组织的形成[1]。

通常，在高强度低合金（High Strength Low Alloying, HSLA）钢中，Nb、V、Ti 等为最常见的微合金化元素。一般都是在钢中单独添加或复合添加这些元素，使钢中的细晶强化增量和析出强化增量大幅提高，从而能够有效地提到钢的强度。如汽车结构钢采用低 Nb 高 Ti 的微合金化方式，实现以低成本生产屈服强度达到 500MPa 级别以上的产品；X100 管线钢利用在高温下形成的 TiN 析出可以抑制奥氏体晶粒长大，低温下形成 26.5nm 左右的 NbC 和（Nb,Ti）（C,N）复合析出，实现析出强化[2]。随着实践发现，向含 Nb、Ti 的微合金钢中加入一定量的 Mo 可形成具有极高热稳定性的复合碳化物，进而提高析出强化和细晶强化。日本 JFE 公司通过 Ti-Mo 复合微合金化和控轧控冷技术，生产出强度高达 800MPa 的高强铁素体汽车用钢，其中沉淀强化的贡献达 300MPa 以上[3]，之后又开发了 Nb-Mo 耐火钢[4] 和 Ti-Nb-Mo 高强高塑钢[5]。张正延等人[6]通过高 M（M = Nb、V、Ti）、低 Mo 微合金化的手段成功设计出低成本智能型耐火钢，其中 Ti-Mo 钢因其较高的小角度晶界密度和较高的 MC 型析出量而具有最高的失效温度。事实上，在上述成果中，钢中各个合金元素之间的相互作用比较复杂，它们通常不能完全发挥其协同作用。如钢中（Nb,Ti）（C,N）的析出会在高温下消耗 Nb，减少了在低温下用于晶粒细化或者析出强化的 Nb 含量；铁基体-析出相界面的合金元素有可能不利于 TiC/NbC 的析出或者铁素体在其表面的形核。为了充分发挥各微合金元素在钢中的协同作用，就必须揭示钢中碳化物的析出本质。通常，碳化物析出及其细化晶粒与界面性质密切相关，因此，要理解钢中碳化物的强化行为，就必须确切揭示析出相与铁基体之间的界面行为。然而目前的实验方法难以深入研究上述界面性质，特别是析出相-基体界面的微观信息。

基于上述背景，当前第一性原理方法可从微观角度研究固体-固体界面性质。因此，本书基于第一性原理结合实验的方法，首先研究 Fe 在碳氮化物析出相表面的吸附行为，以阐明铁在第二相颗粒表面异质形核初期的微观本质；通过计算分析 NbC/TiN 界面和 NbC/TiC 界面的性质，从电子和原子角度揭示 NbC 在 TiN 和 TiC 颗粒上异质形核机理。同时研究界面上不同的合金元素对铁素体在 TiC 和 NbC 析出相上异质形核潜力的影响。在此基础上，通过原子/电子尺寸上的第一性原理计算以及高温实验进一步揭示钢中的 Mo 对 NbC 析出及其细化晶粒的影响，为上述高强度低合金钢中碳化物的析出及其细化晶粒的工艺改性提供理论指导。

1.2 碳化物在钢中的作用

1.2.1 TiC 在钢中的作用

Ti 可通过在钢基体中以固溶或碳氮化物析出的方式来强化基体，如在高温均热时未溶 TiN 可抑制奥氏体晶粒粗化，在后续铁素体相变中析出的 Ti 能够起到良好的沉淀强化作用。通常 TiC 的析出和强化主要发生在以下几个阶段。

1.2.1.1 奥氏体的应变诱导析出

变形使奥氏体发生点阵畸变，增加晶体缺陷，缺陷处的形变储存能较高并在形核过程释放出来，促进形核反应进行，加速了 TiC 的析出，且应变量越大，析出的 TiC 颗粒越细小。通常奥氏体应变诱导析出的 TiC 粒子主要发生在晶界和位错上，呈圆形，一般在几十纳米左右。析出的 TiC 粒子能够增添相变的形核点，进而细化晶粒。如 Han 等人[7]发现 TiC 的析出可以明显细化奥氏体晶粒，当钢热变形后重新加热到 1173K（900℃）时，TiC 的钉扎作用可将奥氏体的平均晶粒细化到 7.8μm，且其产生的位错强化是提高强韧性的主要原因。

1.2.1.2 相间析出

相间析出是根据形核位置来定义的，即奥氏体向铁素体相变过程中，随着相变的进行，TiC 粒子不断地在移动的相界面上形核析出。娄艳芝[8]对 CSP 工艺过程中，微合金钢中的碳氮化钛析出相的研究发现：相间析出的粒子为列状排列、析出的粒子直径介于 5~15nm 之间、沉淀列间距为 40~60nm，并认为相间析出的主要因素为 Ti 在奥氏体中的过饱和度以及 γ→α 相变时的冷却速率。Shao 等人[9]对比了无钛和含钛 0.1% 的双相钢拉伸性能和位错结构，结果发现含钛钢相间析出了大量约 4.7nm 的 TiC，进而增加了铁素体的强度且降低了马氏体的硬度；微结构发现相间析出的 TiC 明显地阻碍位错的运动，产生更高的位错密度和应变硬化率。

1.2.1.3 铁素体中的析出

通常来说，铁素体中析出的 TiC 尺寸明显小于奥氏体中的析出，且在铁素体中的 TiC 的尺寸均匀性很好，尺寸一般在 10nm 以内，能够钉扎位错，阻碍位错运动，显著提高钢的强度。Shen 等人[10]利用铁素体基体析出约 10nm 的细小弥散分布的 TiC 颗粒，同时这些纳米颗粒附近存在大量的位错聚集，从而使含 Ti 高强度热轧薄板的屈服强度高达 760MPa。针对微合金化元素含量方面，胡彬浩[11]认为 Ti/C 原子数比约为 0.5 时微合金钢力学性能最好。另外，Peng 等人[12]考察了两种冷却方法（空冷和 873K（600℃）等温处理 1h）下，Ti 微合金钢中 TiC 析出对钢的组织和性能的影响，结果在等温处理钢的基本中发现大量的纳米尺寸的 TiC 析出物，且形变诱导析出的 TiC 和铁素体基体的取向关系为（100）$_{TiC}$//（110）$_{\alpha\text{-Fe}}$，而相间析出的 TiC 和铁素体基体的取向关系为（100）$_{TiC}$//（110）$_{\alpha\text{-Fe}}$，如图 1.1 所示[12]，因此等温处理非常有利于碳化物的析出和提高钢的屈服强度。

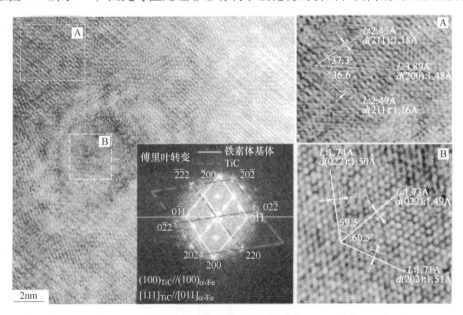

图 1.1 等温处理钢中细小的 TiC 析出物的高分辨图及其衍射图案（1Å＝0.1nm）

为了改善 TiC 的析出强化效果，通常往钢中加入一些其他的合金元素，如 Mo、W、Co 等。其中 Mo 能改善 TiC 的形核能力[13~15]，使钢的晶粒进一步细化，因为在相同的等温温度下（Ti,Mo）C 的临界形核尺寸比 TiC 小，而（Ti,Mo）C 的形核速率比 TiC 大[16]，如图 1.2 所示。

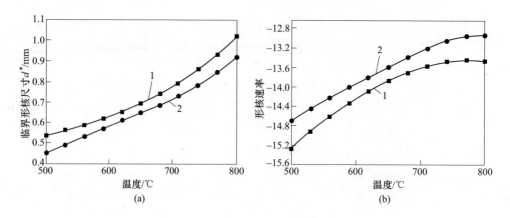

图 1.2 铁素体中 TiC 和 (Ti,Mo)C 的临界形核尺寸(a)和相应的形核速率(b)
1—TiC；2—(Ti,Mo)C

1.2.2 NbC 在钢中的作用

Nb 可以细化微合金钢的相变组织，其细化方式也多种多样。首先，Nb 可以通过细化奥氏体晶粒来细化其转变组织[17,18]。例如，在均热过程中未溶的 Nb(C,N) 粒子钉扎在奥氏体晶界，可以抑制奥氏体晶粒的长大。其次，Nb 还可以通过增加相变形核点来细化相变组织[19]。在未再结晶区轧制时，由于再结晶不能够发生，因此形成了大量被拉长的奥氏体晶粒。随着应变量的积累，变形奥氏体晶粒内部产生了大量的滑移带及位错，从而增大了奥氏体的有效晶界面积，增加了相变形核点[20]。最后，应变诱导析出的 Nb(C,N) 粒子可以通过其钉扎作用阻止铁素体、珠光体等组织的长大[21]。

基于第二相 NbC 粒子对钢的组织和性能的重要作用，因此 NbC 的析出强化和细晶强化机理得到国内外学者的广泛关注。通常固溶于钢中的 Nb 呈现强烈的溶质拖曳效应，可有效地延迟动态再结晶；而 NbC 析出相可起到钉扎晶界作用，可显著抑制静态再结晶[22]。然而，固溶 Nb 原子的拖曳作用以及 NbC 动态析出过程应变能的消耗将会阻碍变形过程铁素体的转变[23]。付立铭等人[24]研究了低碳 Nb 微合金钢中 NbC 析出相与 Nb 固溶原子共同作用对再结晶后奥氏体晶粒长大的影响，结果发现高温时 NbC 析出相的钉扎起主要作用，Nb 的溶质拖曳效应并不明显，而低温时 Nb 拖曳对晶粒长大产生明显地抑制作用。吴圣杰等人[25]认为 Nb 溶质通过拖曳作用阻碍晶界运动，减小了晶界迁移率，并且发现低碳钢的再结晶激活能与 Nb 质量分数的 0.5 次方成正比，如图 1.3 所示。Zargaran 等人[26]在 Fe-8Al-5Mn 合金中加入一定量的 Nb 后会促进 NbC 和 κ-carbide 的形成，它们都能抑制热轧过程的再结晶，但 κ-carbide 还能够在接下来的冷轧和退火过程促进再结晶，因此 Fe-8Al-5Mn-0.1Nb-0.1C 合金具有更细的晶粒组织和更好的力学性能，如图 1.4 所示[26]。

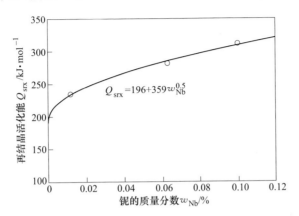

图 1.3　再结晶激活能与 Nb 含量的关系[25]

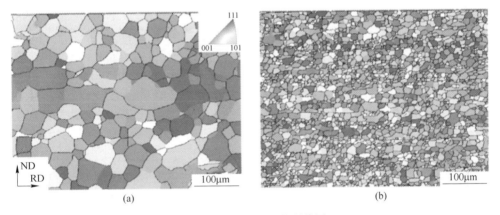

(a)　　　　　　　　　　　　　　　(b)

图 1.4　试样退火后的形貌图
(a) Fe-8Al-5Mn；(b) Fe-8Al-5Mn-0.1Nb-0.1C

1.2.3　(Ti,Nb)(C,N)在钢中的作用

高强度低合金钢（High Strength Low Alloy Steels，HSLASs）常采用晶粒细化，微结构控制和沉淀强化等措施以获取优异的强韧性。钢中的微合金元素（如 Ti、Nb、V 和 Mo 等）会与间隙原子 C、N 形成碳化物、氮化物和碳氮化物，其中奥氏体中析出的第二相粒子有利于晶粒细化，而铁素体中析出的颗粒可提高弥散强化。如向 Nb 钢中加入 Ti 后可明显改善焊接热影响区的韧性。这是由于高温下形成的富 Ti 碳氮化物可以抑制奥氏体晶粒长大，且低温下形成的 Nb(C,N) 能抑制回复再结晶，有利于细化奥氏体和铁素体，同时细小的析出相可实现一定的

弥散强化作用[27]。

　　由于（Ti,Nb）（C,N）复合析出物的结构和析出规律研究对复合微合金化钢的设计具有重要作用。很多学者致力于利用实验方法对该析出物的形貌、尺寸和结构进行了研究，大量证据表明此析出相具有复杂的结构[20,28]。Escobar 等人[20]发现了该析出物存在明显的 Ti、Nb 浓度梯度，Chen 等人[29]通过 EDX（Energy Dispersive X-ray）发现了 0.5μm 的方形富 Ti 析出物周围存在约 70nm 厚的富 Nb 析出相。另外，Craven 等人[30]报道了 Nb-Ti 微合金钢中先析出来的含 Ti 颗粒可成为富 Nb 碳化物异质形核的核心，并形成大量小于 10nm 的（Ti,Nb）（C,N）复合析出相。

　　另外，该复合析出物的析出规律和作用也被广泛关注[31]。通常，钢利用各微合金元素的协同作用可以获得高强度、良好的塑性和冲击韧性。然而，多种元素的添加将会影响钢中各元素之间的析出行为，不一定能改善钢材的力学性能[32~34]。例如，向 Nb 钢加入 0.01%的 Ti 将导致 CMnNb 钢的屈服强度平均降低了 20MPa[35]。V-N 微合金钢中添加 Ti 后其屈服强度却下降了，主要是由于 TiN 优先在高温奥氏体析出[36]。同时，在更高温度下形成的 V-Ti-N 复合析出物减少了用于在低温铁素体析出所需要的 V 和 N 数量，减少了可以用于弥散强化的析出物的数量[37]。类似地，在 CSP（Compact Strip Process）Ti-Nb 微合金钢中也发现了"星状"（Ti,Nb）（C,N）析出相，其心部为 TiN，外层为富 NbC 析出物[37,38]。这种析出方式也会在高温下消耗 Nb，减少了在低温下用于晶粒细化或者析出强化的 Nb 含量[38]。然而，Chen 等人[39]研究 Nb 和 Nb-Ti 热轧钢的微观结构和力学性质时发现，Nb 钢中的 Nb 主要以固溶形式存在于基体，故析出相少；但向 Nb 钢添加 0.036%Ti 后析出大量的（Nb,Ti）C 或（Ti,Nb）（C,N）复合碳化物，致使晶粒的细化和屈服强度的提高。Ma 等人[40]认为 NbC 在先析出的 TiN 颗粒上形核会抑制形变诱导 NbC 在位错上的析出，降低了 NbC 的沉淀强化，并通过延迟再结晶以积累高应变来细化晶粒，从而获得良好的强韧性。因此，Ti 的添加及其与钢中 Nb 的相互作用比较复杂，需要更为深层次的研究，尤其是电子和原子等微观尺度方向的研究。

1.3　碳化物的析出控制

1.3.1　化学成分的控制

　　近年来，人们常采用多元复合微合金的添加，通过各微合金元素间的优势互补，以期获得更高的细晶强化和沉淀强化[41]。因此，众多学者对多元复合微合金第二相在钢中的固溶析出行为以及在钢中所起到的沉淀强化作用进行了广泛的研究，并发现一些合金元素，如 Mo、Zr、Cr、V、Nb 等，能有效地抑制碳化物晶粒的长大[15,42,43]。Xu 等人[44]发现在钢中加入 V 后经 650℃时效 12000h 后可

显著阻止 $M_{23}C_6$ 碳化物晶粒的粗化。Hong 等人[45]研究了热处理过程中 Cr 和 Mo 对碳化物颗粒演变的影响，发现了含有一定量 Cr、Mo 的碳化物容易导致该碳化物粗化，而 Zr 被发现可以细化碳化物晶粒和提高力学性质[46]；另外，Mn 也能促进更多更细的 TiC 颗粒在铁素体基体上以共格或半共格的形式析出[47,48]。

Jang 等人[15]考察了 Nb、V、Mo 和 W 合金对 TiC 的稳定性及其细化铁素体能力的影响，结果发现 Mo 从热力学角度不容易取代 TiC 中的钛原子，也就是 (Ti,Mo)C 稳定性要比 TiC 差。但是 Mo 能够抑制 TiC 的长大速率，降低 (Ti,Mo)C 和铁素体的界面能，因而 Mo 能够有效地细化 TiC 颗粒和铁素体晶粒。后来进一步研究表明 Ti/C 比率对 TiC 长大速度也有很大的影响，当 Ti/C 比稍小于 1 时能够显著地抑制 TiC 颗粒的长大[49]。另外，Wang 等人[13]认为 0.2%（质量分数）Mo 能够加速 MC 型碳化物的析出，虽然 MoC 在奥氏体中具有较高的溶解度，但是在碳化物刚开始析出时 Mo 容易分布在 TiC 颗粒的外层[14]，因而也能够抑制碳化物的长大（见图 1.5），因此 (Ti,Mo)C 能够有效地阻止奥氏体回复再结晶，从而有利于维持高温下的变形结构。

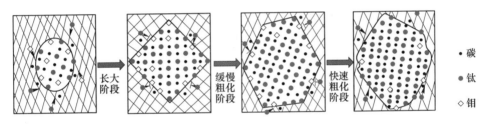

图 1.5　奥氏体中析出的 (Ti,Mo)C 颗粒的形貌演变原理图

关于合金元素对 NbC 析出的影响也有一些报道[50~53]。李小琳等人[54]研究了 V 对 Nb 微合金钢中 NbC 的析出行为的影响，结果发现在 NbC 析出过程中 V 不断进入 NbC 晶格内形成 $(Nb_xV_{1-x})C$ 颗粒，降低了该复合碳化物与铁素体错配度，从而加速了第二相粒子的析出，且 V/Nb 比随着颗粒粗化而逐渐增大。Hong 等人[31]认为钢中 Ti 将会推迟形变诱导 NbC 的开始析出时间，主要归结于再加热过程溶质 Nb 的贫乏 (Nb,Ti)C 的异质形核析出。王海燕[55]发现 La 能够使 α-Fe 中 Nb 的扩散激活能显著降低，从而促进了铁素体区 NbC 的析出。刘腾轼[56]研究发现，随钢中 Mo 含量的增加，组织由多边形铁素体向针状铁素体转变，且铁素体晶粒内弥散析出的碳化物也随之增加。Cao 等人[53]认为 Nb-Mo 微合金钢中的碳化物比 Nb-Ti 微合金钢更细更均匀，且 Nb-Mo 钢中细小碳化物的析出量要更多，因此其沉淀强化效果更好，这主要是由于 Mo 的添加影响了 C 的活度，从而抑制了 Nb 的碳化物在奥氏体中析出，使得大量 Nb 的碳化物在铁素体中析出的结果。

1.3.2　热机械处理工艺的控制

由于热机械控制（Thermol Mechanical Control Process，TMCP）工艺在不添加过多合金元素，也不需要复杂的后续热处理的条件下生产出高强度高韧性的钢材，现已经成为生产低合金高强度钢不可或缺的技术。从近几年的研究工作看，TMCP 工艺控制的主要参数包括加热温度、轧制温度、变形量、变形速率、终轧温度和轧后冷却工艺等。重点是放在控制冷却，尤其是加速冷却方面。徐洋等人[57]研究了终冷温度和保温时间对 Nb-Ti 微合金钢组织、析出行为的影响，得出了铁素体晶粒尺寸随终冷温度的增加而增大，当保温时间为 0 时，析出物以相间析出和弥散析出为主；当保温时间为 100s 时，析出物以弥散析出为主。李小琳等人[58]研究了超快冷终冷温度对含 Nb-V-Ti 微合金钢组织转变及析出行为的影响，随着超快冷终冷温度的升高，显微组织由贝氏体向珠光体和铁素体转变，碳化物形核位置从贝氏体转变为铁素体，析出物尺寸逐渐增大。当将终冷温度控制在 620℃时，其析出强化对屈服强度的贡献最大，可达到 25.6%。另外，还研究了等温温度对 Nb-Ti 微合金钢中析出相的影响，发现了不同等温温度下析出强化量均大于 300MPa[59]。Li 等人[60]对含 0.08%Ti 的低碳钢板进行热轧后快速冷却到 580℃，结果纳米级 TiC 以及渗碳体同时析出，显著地改善了沉淀强化，增量高达 350MPa。Bu 等人[61]研究了冷却速率对 Ti-Nb-Mo 微合金钢的析出行为的影响，结果发现在较低的冷速（0.05K/s）下，高体积分数的细小碳化物使得铁素体的硬度达到最大，且这些 6～10nm 的球状碳化物主要为（Ti，Nb，Mo）C 和 NbC。

另外，加热温度、轧制温度、变形量等工艺参数的控制也受到大量的研究。如王泽民等人[62]研究回火温度对 Nb-Mo-V 微合金钢中的析出物的影响，结果发现随回火温度增加，高能马氏体向低能铁素体转变过程中伴随着数量和大小不同的碳化物析出，其中 600℃回火样品中 C-Nb-Mo-V 团簇的数量密度最大，对应二次硬化的硬度峰值。夏文真等人[63]采用新的热处理工艺，即加热温度为 900℃经弛豫至 700℃后再淬火，大量的 Nb-Ti 碳氮化物在原有析出物表面进一步析出，抗拉强度可提高 24MPa。孙超凡等人[64]发现在总变形量相同的情况下，与 γ 相再结晶区和未再结晶区两阶段轧制相比较，采用 γ 相再结晶区单阶段轧制更有利于获得析出量大、尺度分布均匀的纳米级碳氮化物。李小琳[65]考察不同的等温温度对 Nb-Ti 微合金钢组织性能及碳化物析出的影响，结果发现铁素体的体积分数随着等温温度的下降而逐渐增大，钢中存在相间析出和弥散析出的碳化物，且随着等温温度的降低，析出形态逐渐从相间析出向弥散析出转变，如图 1.6 所示。

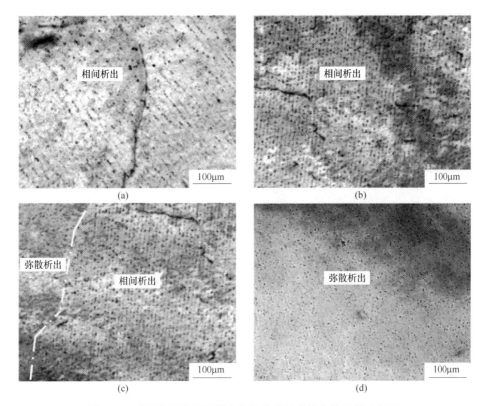

图 1.6　不同等温温度下所获得的纳米级碳化物的透射电镜图

因此，复合添加微合金元素的析出过程非常复杂，控轧控冷过程中应严格控制加热温度、轧制和冷却工艺等参数，最大发挥各种微合金元素的细晶强化和析出强化效果。

1.4　碳化物对铁素体形核的作用

1.4.1　碳化物对铁素体形核的机理

如上所述，钢中碳化物的析出能够显著细化晶粒，但碳化物析出相的化学成分、颗粒大小及其分布对其形核潜力有很大影响。因此，需要理解其形核机理，通常析出物促进铁素体形核的机制包括以下 4 个方面。

1.4.1.1　局部成分变化机制

夹杂物或析出物对其周围奥氏体基体局部化学成分变化的影响，比如在第二相周围形成 C、Mn 等奥氏体稳定元素的贫化区，促进了奥氏体向铁素体的相变。Hou 等人[66]通过实验和第一性原理研究了 Al-Ti-Mg 脱氧钢的复合脱氧产物（如 MgO、$MgTi_2O_4$、$MgTiO_3$、Ti_2O_3、Ti_3O_5、Al_2O_3、$MgAl_2O_4$）对晶内铁素体形核能力的比较，实验结果发现 MgO-TiO$_x$ 吸附 Mn 原子后形成了 MgO-TiO$_x$-MnO 析出物，从而在 MgO-TiO$_x$-MnO 夹杂物附近产生了贫 Mn 区（manganese-depleted zone，MDZ），如图 1.7 所示，因此可以有效地细化晶内铁素体；且计算结果显示 MgTi$_2$O$_4$，MgTiO$_3$ 可以吸附 Mn 原子，并可以形成 MDZ。杜松林等人[67]比较夹杂物类型、尺寸与诱导能力的关系，发现 Ti 的复合氧化物诱导能力最强，Al$_2$O$_3$ 最弱，Ti 的复合氧化物诱导最佳尺寸 4~6μm，其他夹杂物最佳尺寸为 2~4μm，因此可以通过控制夹杂物种类和尺寸促进晶内铁素体析出以细化晶粒[68]。

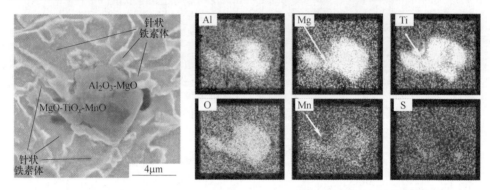

图 1.7　MgO-TiO$_x$-MnO 周围处的针状铁素体和夹杂物中元素分布的能谱图

1.4.1.2　应变诱导机制

在冷却过程中第二相与奥氏体由于不同的热膨胀系数而产生的应变和位错场降低铁素体形核阻力[69]。如奥氏体、TiO 和 MnS 的热膨胀系数分别为 $23 \times 10^{-6} K^{-1}$、$12 \times 10^{-6} K^{-1}$ 和 $18 \times 10^{-6} K^{-1}$，这些夹杂物表面的奥氏体在冷却过程产生应力应变场。因此，夹杂物周围的奥氏体周围产生较大应力应变的塑性区，特别是位错附近的应变能逐渐累积，从而促进了铁素体的形核。TiO 的热膨胀系数比 MnS 更小，因而更有利于铁素体的形核[70]。

1.4.1.3　惰性界面机制

由于减少奥氏体-第二相界面而改善总体的相变能量平衡，且铁素体-第二相之间存在良好的晶格错配关系而降低界面能[71]。Furuhara[72]通过实验发现 V 和 N 的添加能促进钢中铁素体在 MnS+V（C,N）复合析出物上形核，这是由于 MnS 表面的 VC 和 VN 有利于改善铁素体-复合析出物之间的界面能平衡。另外，余圣甫[73]，Miyamoto[74]和 Lee[75]等人发现夹杂物或析出物可以作为惰性介质来诱导晶内铁素体形核。

1.4.1.4　晶格匹配机制

当钢中的析出物和铁素体基体的错配度较低时，铁素体在析出物上形核的阻力就会降低，因而有利于铁素体的形核[76]。根据这一观点 Bramfitt[77]提出了晶格错配的形核机理，即铁素体结晶面与夹杂物界面间平行且两相之间具有一定的简单结晶取向关系时，两相间的晶格错配能较低，能使铁素体在夹杂物上形核。钢中某些碳化物和铁素体之间的错配度和形核有效性的对比见表 1.1，可见，TiN 和 TiC 与铁素体之间具有较小的特征过冷度和错配度，可以非常有效地促进铁素体的异质形核。而 ZrC 和 WC 的特征过冷度和配错度均较大，因此它们的形核有效性较低。

表 1.1　各种析出物与铁素体的二维错配度以及形核有效性之间的关系

析出物	晶系	室温下的晶格常数		特征过冷度 ΔT_c/℃	二维错配度 /%	相对有效性
		a_0	c_0			
TiN	立方	4.246		3.1	3.9	高
TiC	立方	4.327		3.3	5.9	高
ZrN	立方	4.56		12.6	11.2	中
ZrC	立方	4.696		24.5	14.4	低
WC	六方	2.906	2.837	29.0	29.4	低

1.4.2　碳化物在铁素体形核中的应用

Hajeri[78] 提出利用第二相促进晶内铁素体形核机制细化厚板的心部组织。图 1.8 所示为获得 15μm 细小铁素体而对应的奥氏体晶粒尺寸及冷却速率的关系，可见冷却速率随厚度的增加而降低，而奥氏体晶粒却粗化，因而可通过钢中碳氮化物促进铁素体形核以细化晶粒。

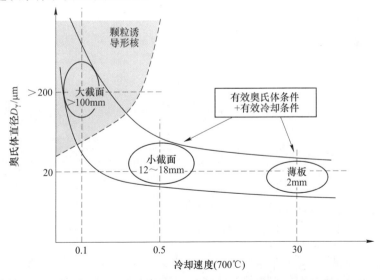

图 1.8　获得直径 15μm 细小铁素体而对应的奥氏体晶粒尺寸及冷却速率的关系

　　在此之后，很多国内外学者常通过控制碳化物析出以实现晶粒细化。姚圣杰等人[79]将超细晶奥氏体 Nb-V-Ti 微合金快冷至两相区实施不同应变速率下的单道次变形，得到了尺寸小于 500nm 的均匀弥散化铁素体晶粒。Han 等人[80]研究了不同热轧温度对低碳钛微合金钢的晶粒大小和析出强化的影响，与 1100℃ 高温热轧相比，950℃ 热轧下钢中的 TiC 数量更多更细，且能将铁素体晶粒细化到 1.4μm，同时由于位错强化和沉淀强化产生更高的强度，如图 1.9 所示。惠亚军等人[81]发现 840℃ 的终轧温度有利于 Nb-Ti 微合金钢中碳化物尺寸的减少，进而细化铁素体晶粒和增加位错密度，且具有最优的屈服强度和抗拉强度。吴斯等人[82]认为 Nb 元素以微小析出物 Nb(C,N) 的状态均匀分布在钢中，Nb(C,N) 析出物能有效细化奥氏体晶粒，并因此细化铁素体晶粒，这是 Nb 在中碳钢中影响相变并提高韧性的主要机制[83]。在同样的冷却速度下，与无 Nb 钢相比，Nb 微合金化钢析出的 NbC 可使铁素体晶粒尺寸更小，可以提高铁素体的硬度[84]。罗许等人[85]通过控制 50~100nm 的 TiN 和小于 10nm 的球状 TiC 粒子的析出，进而充分发挥 Ti 的细晶强化和沉淀强化，成功生产出低成本的钛微合金化 Q345B 带钢。Huang 等人[86]研究了 Nb 对含 Ti-Mo 的高强铁素体汽车用钢，结果发现向 Ti-Mo 微合金钢添加 Nb 有利于铁素体转变，加速奥氏体中 (Ti,Mo,Nb)C 碳化物的析出且能有效地细化铁素体晶粒。

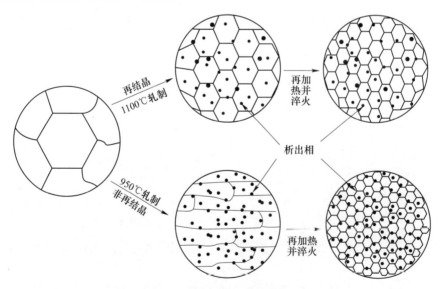

图 1.9　热轧和再加热过程晶粒演变的原理图

　　上述讨论表明，人们针对 HSLA 钢中的 TiC、NbC、(Ti,Nb)C 和 (Ti,Mo,Nb)C 等碳化物的析出及其细化铁素体晶粒进行了表征，并分析了它们的强化增量的贡献。碳化物析出相的尺寸、数量、分布及其与铁基体结合的强弱，不仅会影响析出粒子的沉淀强化效果还会影响铁素体在其表面的有效形核。由于热力学数据的缺失以及分析手段的限制,当前的热力学计算和实验方法很难理解碳化物-铁基体界面性质以及铁素体在碳化物表面异质形核的微观物理本质,而第一性原理方法可有效地解决这个问题[87]。

1.5 界面性质对碳化物析出的影响

钢中的碳化物析出是一个复杂的过程,碳化物的微细化及其形状和分布状态的有效控制是未来钢铁材料科学与技术最重要的发展方向。随着各种分析和表征手段的进步,国内外对碳化物析出的研究方向由宏观的工艺实验逐渐转移到了析出体系内的各种物质的表面和界面性质上了。常用的分析测试方法有电子背散射衍射(EBSD)、透射电子显微镜(TEM)、高分辨率的透射电镜(HRTEM)、原子探针层析技术(APT)、三维原子探针技术(3DAP)以及 X 射线光电子能谱(XPS)等。

通过 EBSD 可以分析热处理后钢样中的界面密度以间接分析碳化物的析出情况[88];通过 TEM 或 HRTEM 可以较为直观地观察原子级的碳化物-金属基体界面以及两者的析出取向关系,且可解析纳米级碳化物的形貌、尺寸、分布等信息。如 Zhang[89]通过 TEM 观察到了 (Ti,Mo)C 形核于 γ/α 界面并随后在铁素体基体上长大,且该碳化物和铁素体遵循 B-N 的取向关系:$(100)_{(Ti,Mo)C}//(100)_{\alpha-Fe}$,和 Jang 的 HRTEM 分析结果一致[15]。徐流杰[90]利用 TEM 研究了高 W 高速钢中碳化物的形貌、类型、大小及其界面晶体学特征,揭示了碳化物的析出机制。通常,碳化物析出时界面或者基体内的合金元素会和析出物发生作用,作用的结果常使碳化物/基体的界面性质发生变化,故研究元素的偏聚行为及其对界面稳定性的作用可以分析碳化物的析出机理。当前 APT 或者 3DAP 分析技术具有独特的功能,能提供原子(包括轻元素,如 C、N 等)的三维空间信息,并精确地给出不同元素在指定体积范围内的浓度。如 Jain[91]使用 3DAP 表征了板条晶界、Nb 碳氮化物以及 M_2C 碳化物的 C 偏析行为,揭示了亚纳米级 M_2C 碳化物在 Cu 析出物上异质形核机理。张值权[92]利用 APT 分析了碳化物-铁素体界面处元素的偏聚行为,结果发现 Si 容易偏聚于 α-Fe 基体中而 P 易于偏聚于界面处。Moon[93]通过实验发现 Mo 能推迟 κ-碳化物的析出,进而改变时效硬化行为,但利用 APT 分析得出 κ-碳化物/γ-Fe 界面处未出现明显的 Mo 偏聚现象,如图 1.10 所示。

上述分析和表征手段在一定程度上能揭示碳化物的析出行为,但是不能全面且在更为微观尺寸下解析碳化物-基体的界面性质,如界面原子之间的作用,化学键的形成机制及其对界面稳定性的影响等;由于 TEM、APT 研究区域的狭小,导致观察结果的局限性,因此研究结果很难代表材料的真实属性。目前,对于碳化物析出过程的界面化学特性,可以借助第一性原理方法在原子、电子尺寸上从

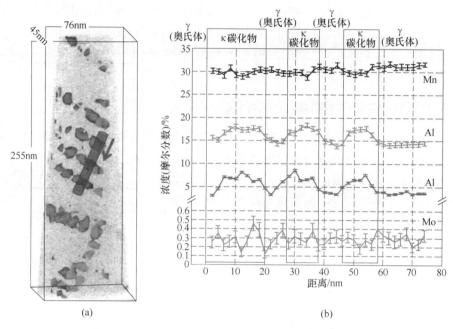

图 1.10　Fe-30Mn-9Al-0.9C-0.5Mo 钢在 550℃时效后的
碳分布 APT 图(a)以及各元素的浓度分布(b)

微观角度揭示其物理本质和成键特性，从而进一步揭示碳化物析出以及铁素体或奥氏体在其表面异质形核机理，这是本书的研究内容之一。

1.6　第一性原理在钢铁材料和界面中的应用

第一性原理是当前科学领域最为热门的计算模拟方法之一，可以比较精确地预测材料的组分、结构与性能的关系，从而解释很多采用实验方法难以解释的问题，在对合金的体相、表面和界面研究中有着无可替代的地位。

1.6.1　第一性原理在钢铁材料中的应用

随着量子力学和计算机科学的迅速发展，量子力学计算的体系越来越大，计算精度也越来越高，为解析晶体结构性质和量化信息提供了一个可靠的理论工具。目前第一性原理方法在钢铁材料的基本相、缺陷以及第二相析出等方面均具有广泛的应用。

1.6.1.1　基本相

根据 Fe-Fe$_3$C 相图可知，钢铁的基本相主要包括 bcc 结构的 α-Fe、fcc 结构的 γ-Fe 以及六方或者正交结构的 Fe$_3$C。这些基本相的量化信息是研究钢铁材料的基础，现已成为第一性原理研究的热点之一。郑蕾[94]利用第一性原理预测了

bcc-Fe 的弹性常数 C_{11}、C_{12} 和 C_{44}，它们分别为 246GPa、121GPa 和 113GPa，和实验测出来的数值比较一致。孙博[95]采用密度泛函理论计算得出，Fe 由 bcc 到 hcp 结构的相变压强约为 15GPa，随着压强的增大，Fe 的磁矩逐渐减小且将会导致 hcp 结构的晶格常数 c/a 的增大。而 fcc-hcp 的相变势垒随着压力的增大而逐渐增加，直至抑制该相变过程[96]。Faraoun[97]利用第一性原理计算研究了钢中三种代表性的铁碳析出物 θ-Fe$_3$C、χ-Fe$_5$C$_2$ 和 η-Fe$_2$C 的电子结构和磁性结构，形成能计算表明 η-Fe$_2$C 先于 χ-Fe$_5$C$_2$ 析出，和回火过程的析出顺序一致，而态密度分析发现磁矩是不均匀分配于 θ-Fe$_3$C 和 χ-Fe$_5$C$_2$ 中的 Fe 原子上面，后来吕知清同样利用第一性原理对钢中的 Fe$_3$C 的性质也展开了计算[98,99]，结果发现正交结构较六方结构的 Fe$_3$C 更稳定，但力学稳定性更差。

1.6.1.2 缺陷

钢铁材料的力学性质与其晶体内部缺陷密切相关，因而国内外学者对铁内晶体缺陷进行大量的研究，而第一性原理方法从原子层面进行模拟计算，有着其他方法无可比拟的优势。铁晶体中主要包括点缺陷、线缺陷和面缺陷 3 种缺陷。其中点缺陷包括空位、间隙原子和固溶原子。Gorbatov[100]采用 GGA 作为相互关联函数，对铁磁和顺磁的 bcc-Fe 中的空位与溶质（包括 3d 和 4d 金属）之间作用进行了研究，结果发现绝大多数的空位和溶质呈现相互吸引，且磁序对空位-溶质的交互作用产生明显的影响。Ye[101]研究了 fcc-Fe 中空位和 N 原子的相互作用，结果表明间隙 N 原子和空位强烈作用容易生产 V$_n$N$_m$ 团簇，团簇越大其稳定性就越好，且空位聚集于中心而 N 原子聚集于空位周围。You[102]利用第一性原理方法研究了点缺陷诱导不同合金元素（Al、Si、P、S、Ga、Ge、As 和 Se）在 α-Fe 中的偏析行为，计算得出 S 和 Se 原子容易偏析于无缺陷 α-Fe 并形成溶质簇，当 α-Fe 存在单空位或双空位时，所有合金元素的偏析均能显著促进空位-溶质簇和双空位-溶质簇的形成。You[103]采用第一性原理方法研究了 bcc-Fe 中稀土 La 和间隙固溶原子 C、N 之间的相互作用，计算结果显示 La 和 C/N 原子之间存在很强的排斥力，且 La-C/N 的相互作用能比 Ti/Nb/V/Mo-C/N 的相互作用能明显要大。Huang[104]预测了铁素体的自扩散系数和 Mo、W、Hf、Ta 在铁素体中的扩散系数，在 800~1184K 范围内，这些合金元素的扩散系数均高于 Fe 的自扩散系数。在此之后，间隙固溶元素、常见合金元素以及稀土元素在 α-Fe 中的扩散系数也被相继计算出来[105,106]。

线缺陷（主要包括刃型位错和螺型位错）方面。Chen[107]采用第一性原理方法研究了扭折对 bcc-Fe 中刃型位错的影响，结果发现扭折形成能与刃型位错类型有关，扭折虽然降低了刃型位错的稳定性，但增强了沿滑移方向原子之间的键能，因而有利于位错的移动。后来，Itakura[108]和 Proville[109]利用密度泛函理论对 bcc-Fe 螺型位错进行了研究，预测了 H 原子和稳定螺型位错结构的最大结合能为（256±32）meV，且计算了 bcc-Fe 螺型位错在不同应力条件下扭折的形成焓。在此之后，Ventelon 计算了间隙 C 原子与螺型位错的相互作用能为−1.3 ~ −0.2eV，并从原子尺度解释了溶质原子对相互作用能的化学贡献[110]。

面缺陷方面，如表面、晶界和层错等也被广泛地研究。如 Arya[111] 计算了 bcc-Fe 的三个低指数面的表面能，得出了其稳定性为（111）<（100）<（110）。王海燕[112]建立了 α-Fe 的 Σ3 ［110］（112）晶界模型，研究了稀土 La 元素在 α-Fe 中的占位倾向，结果发现 La 原子倾向于占据晶界区，加强了 La 和晶界处 Fe 之间的交互作用，从而提高晶界的稳定性。Motohiro[113] 采用第一性原理研究了 Fe 晶界中 Cr 偏析对氢脆倾向的影响，结果表明 Cr 偏析于 Fe 晶界具有更高的失效应力应变，这是由于 Cr 偏析能够抑制因 H 偏析而导致 Fe—Fe 键的延长，且 Cr 原子的部分电荷转移到邻近的 Fe 原子上，从而加强 Fe—Fe 键相互作用。Bleskov[114] 研究了局域磁矩对 fcc-Fe 中广义层错能表面的影响，计算结果显示局域磁矩是稳定奥氏体结构的最重要因素之一，且因层错形成而导致的磁结构扰动是一个短程效应。

1.6.1.3　第二相析出

钢中的第二相通常指碳化物、氮化物或硼化物等析出物，第二相强化是除晶粒细化外对钢材韧性损害最小的强化方式，因而受到研究者的广泛关注。如王海燕[55]和高雪云[115]利用第一性原理分别研究了稀土 La 对 α-Fe 中 NbC 和 Cu 析出相的析出行为，结果表明稀土 La 能显著降低 Nb 原子近邻的空位形成能和 α-Fe 中 Nb 的扩散激活能，从而促进铁素体区 NbC 的析出；然而 La 却会增加 α-Fe 中 Cu 的扩散激活能，从而延缓铁素体区富铜相的偏聚和析出。并且 Ni 偏聚于 bcc-Fe/ε-Cu 界面后，该界面体系变得更为稳定，即偏聚于界面的 Ni 有可能促进 Cu 纳米团簇的析出[116]。在此之后，徐沛瑶[117]利用于密度泛函理论研究了合金元素在 Cu/γ-Fe 界面的偏聚行为及其对界面稳定性的影响，计算结果表明合金元素 B、Si、P、Al、Zr 使界面结合能增大，增强 Cu/γ-Fe 界面稳定性；B、Si、P 等 11 种合金元素则会使界面能降低，有利于 γ-Fe 的时效析出形核。另外，国外学者也利用 DFT 对钢中第二相析出做了一些相关研究，如 Gopejenko[118] 利用 DFT-GGA 模拟了奥氏体中 Y-O 纳米颗粒团簇的形成机理；Hodgson[119] 采用分子动力学模拟揭示了铁素体中纳米 TiC 的析出机理，即 TiC 的聚集长大和分解同时发生，且碳化物团簇的成分在一定范围内变动。

1.6.2　第一性原理在异质形核界面中的应用

近年来，国内外对碳化物在钢中的异质形核机制开展了大量的研究工作，但对其形核原理存在不同的观点。由于实验技术上的制约，特别是难以精确控制实验气氛，使实验观察形核过程非常困难。因此，采用第一性原理方法就成为另外一条研究异质形核机制的可行之路。

当前，第一性原理方法在 Fe、Ni、Mg、Al 金属中第二相的异质形核方面的研究得到广泛的应用[120]。在有色金属方面，Zhao 等人[121] 利用第一性原理研究了 4 种 $LaAlO_3/Ni$ 界面的性质，得出了 AlO_2-O-OT 界面的黏附功最大，并绘制出 4 种界面的界面能和铝化学势（$\Delta\mu_{Al}$）的关系，如图 1.11 所示，只需控制合适的 $\Delta\mu_{Al}$，存在某些情况下的界面能小于 Ni（$\sigma_{Ni(l)/Ni(s)}$）的液/固界面能，说明 $LaAlO_3$ 能成为 Ni 的有效异质形核剂且能细化 Ni 晶粒，这一结果也得到了实验验证[122]，如图 1.12 所示。后来，第二相 Al_2CO[123]、Al_4C_3[124]、Al_2MgC_2[125] 能否成为液态镁的异质形核剂也被系统地研究。另外，Li 等人[126] 计算不同终端的 $Al(111)/Al_3Ti(112)$ 界面的结合强度、稳定性和湿润性，结果表明具有"心位"的 Al/Al_3Ti 界面最为稳定，且发现两者的完美湿润性和较强的界面强度是铝能够在 Al_3Ti 基质上进行形核的根本原因。

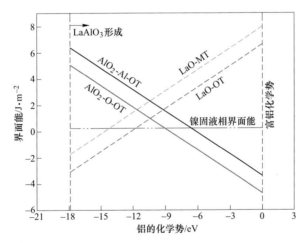

图 1.11　四种 $LaAlO_3/Ni$ 界面的界面能和铝化学势的关系

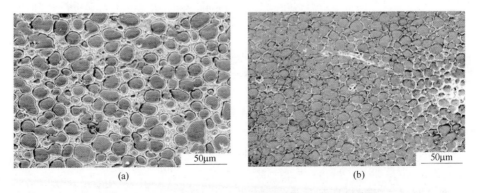

图 1.12　不同质量分数的 La_2O_3/Ni 涂层试样的形貌图

（a）0% La_2O_3；（b）1.2% La_2O_3

在钢铁材料方面，Yang 等人[87,127]利用密度泛函理论从原子和电子角度研究了 TiC 作为铁素体异质形核的有效性，计算得出 C 终端的 Fe/TiC 界面具有更大的黏附功和更小的界面能，因而其具有更强的形核能力。Hua[128]利用第一性原理研究了微合金钢中 Mo 对针状铁素体在 TiC 颗粒上形核的影响。热力学方面，偏析于 γ-Fe/TiC 界面的 Mo 能降低界面能且诱导奥氏体在 TiC 颗粒上向铁素体转变。动力学方面，铁素体中的 Mo 能够有效抑制 C 原子的扩散，从而有利于针状铁素体转变。Yang 等人[129]预测了 LaAlO$_3$ 能否成为奥氏体的异质形核剂，结果发现形核效果取决于 La、C 元素的化学势，具有 AlO$_2$ 终端的 LaAlO$_3$(100)/austenite(100) 界面在低的 La 化学势满足形核条件，然而在高的 La 化学势时此界面又未满足形核条件，但此时具有 LaO 终端的 LaAlO$_3$/austenite 界面可以成为奥氏体形核的界面。Jang 等人[130]利用第一性原理模拟了 (Ti,M)C(M=Nb、V、Mo 和 W) 复合相的稳定性，并讨论它们对铁素体细晶强化的效果。计算发现 (Ti,Mo)C 和 (Ti,W)C 析出相从能量角度上看是不稳定的，但它们能降低碳化物和铁素体基体的界面能，因此可以抑制 (Ti,Mo)C 析出物晶粒的长大，从而可以有效细化铁素体晶粒，并从实验上验证了这一结果，如图 1.13 所示。

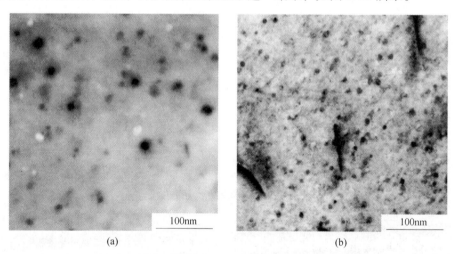

图 1.13　试样时效 2h 后的 STEM 图
(a) 不含 Mo 环形暗场图像；(b) 含 Mo 的明场图像

　　Guo 等人[131]通过第一性原理计算结合实验方法研究了 Fe-Cr-Mo-W-V-C 合金中 MC 型和 M$_2$C 型两种碳化物的稳定性，计算表明 WC、VC 比 V$_2$C、Mo$_2$C 碳化物更稳定，且 γ-Fe/MC 的界面能比 γ-Fe/M$_2$C 更低，和实验的结果一致，如图 1.14 所示。

　　如上所述，第一性原理计算在材料中的应用越来越广泛，且该方法可以获取传统实验方法无法得到的信息，特别是原子和电子方面的微观信息。到目前为止，人们在第二相和钢基体之间的微观交互作用机制尚未摸清，碳化物的微观析出机理以及合金元素对其析出的影响鲜为报道，特别是偏析于界面的合金元素对碳化物/铁素体界面性质的理论研究较少，因而这些问题也是本书研究的主要内容。

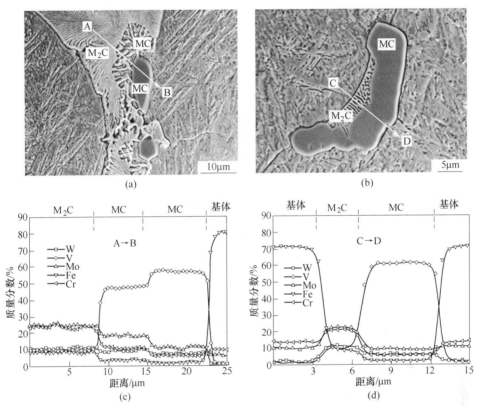

图 1.14　共晶碳化物的长大轨迹图

(MC 和 M_2C($M = W$、V、Mo、Fe、Cr) 为金属碳化物)

(a) 1200℃保温 15min；(b) 1200℃保温 30min；(c) 图(a)中的 AB 线能谱分析；

(d) 图(b)中的 CD 线能谱分析

1.7　研究意义和研究内容

1.7.1　研究目的和意义

高强铁素体汽车用钢、管线钢和耐火钢等高强度低合金钢中碳化物的析出行为一直为国内外研究的热点。高温下析出的 TiC 或 TiN 可抑制奥氏体晶粒长大，而在连续冷却或者回火过程中析出的纳米级 NbC 能起到沉淀强化作用，还可通过促进铁素体异质形核的方式以细化晶粒。然而，多种复合微合金的添加不仅会影响 TiC 或 NbC 的析出行为，而且会影响铁素体在其表面的异质形核过程。这些现象均与碳化物-铁基体以及碳化物-碳化物界面的性质密切相关，而界面的性质依赖于界面上原子之间的相互作用，并最终取决于合金元素、Fe 和 C 原子的大小、电子结构以及各元素空间点阵的差异。

然而，目前的实验方法对碳化物析出行为的研究多侧重于宏观或介观尺度，而在微观原子/电子尺度上的研究比较匮乏。其主要原因是碳化物析出的复杂性以及实验技术上的制约。因此，本书将上述界面的第一性原理计算与微合金钢的等温析出实验相结合，以期为钢中碳化物的析出控制提供指导的同时，并从电子结构出发认识钢在热处理过程中碳化物的微观析出本质及其强化机理。两者相互补充，为基于量子力学计算的钢产品性能调控及高品质钢种的开发提供新的思路。

1.7.2　研究内容

本书将采用第一性原理计算结合实验方法，对钢中碳氮化物诱导 Fe 形核以及（Ti,Nb）（C,N）复合碳化物析出的微观物理本质、合金元素对碳化物-铁素体界面性质的影响规律进行了多尺度的量化研究，从而解析钢中碳化物的析出及其界面行为的微观本质，其主要研究内容如下：

（1）采用含 1.5nm 真空层的表面建模方法，分别建立 Fe 吸附于 MC（001）（M=Ti、Nb）、$(M_{1-x}m_x)$C（001）（m = Mo、V）以及 M（$C_{1-x}N_x$）（001）的超晶胞模型，研究 Fe 在碳氮化物析出相表面的吸附行为，并且分析偏聚于上述碳氮化物表面的 3d 过渡金属 TM（TM = Ti、V、Cr、Mn、Co 和 Ni 等）对 Fe 吸附行为的影响，以此阐明 Fe 在第二相颗粒表面异质形核初期的微观本质。

（2）根据不同取向关系的 NbC/TiN 和 NbC/TiC 界面，考虑不同原子终端的表面以及界面原子堆垛顺序，建立一系列具有不同原子构型的界面模型。计算界面黏附功、界面能、界面电子结构，明确界面微观结构对其稳定性和界面结合强度的影响，并结合实验方法加以对比和验证，进而从电子和原子角度揭示 NbC 在 TiN 和 TiC 颗粒上异质形核机理。

（3）针对铁素体在 NbC 或 TiC 颗粒上完全异质形核之前，研究偏聚于铁素体-碳化物界面的合金元素对界面的稳定性、电子结构和成键特性的影响，进而研究不同的合金元素对铁素体在 TiC 和 NbC 析出相上异质形核的影响。

（4）研究置换型合金元素 Mo 置换 NbC 的铌原子而形成的（Nb,Mo）C 复合碳化物和铁素体界面的电子性质和结构特性，并利用 DLP/NNBB 模型方法计算（Nb,Mo）C/α-Fe 的界面能；同时，通过铁素体区的等温析出实验，对添加 Mo 前后钢中 NbC 的析出行为进行表征，进一步揭示 Mo 对钢的微观组织以及 NbC 在钢基体上析出行为的影响。

2 第一性原理计算方法和实验过程

2.1 概述

本章介绍碳化物析出行为以及对固体-固体界面性质研究所用到的第一性原理计算方法及其基本原理，从简述多粒子体系的薛定谔方程起，认识一下固体电子结构计算中的基本概念，然后介绍利用绝热近似、Hartree-Fock近似以及密度泛函理论求解薛定谔方程的方法和过程，并简述本书计算所使用的CASTEP软件包。另外，介绍微合金钢中碳化物的等温析出实验及其检测分析所用的实验研究方法。

2.2 理论计算基础

2.2.1 第一性原理计算方法

基于密度泛函理论的第一性原理方法，可以通过自洽计算来确定材料的几何结构、电子结构、热力学性质和光学性质等材料物性。近年来，第一性原理计算方法已成为研究材料各种物理和化学性质非常普遍的手段，获得了许多突破性的进展，成为计算化学、计算物理和材料模拟的一个重要基础方法和核心技术。

第一性原理计算的核心问题就是求解体系的薛定谔（Schrödinger）方程。由于实际的计算对象均为多粒子体系，故不可能精确求解薛定谔方程，只能采用近似方法求得近似解。固体材料的多粒子体系的Schrödinger方程为：

$$\hat{H}\Psi(r,R) = E^{\mathrm{H}}\Psi(r,R) \tag{2-1}$$

式中，$\hat{H}$ 和 $\Psi(r,R)$ 分别为体系的哈密顿算符和波函数，其中 $\Psi(r,R)$ 包含了研究体系的所有信息。在不考虑外场的作用下，研究对象的哈密顿量包括了所有粒子的动能以及粒子之间的相互作用能，所以 $\hat{H}$ 可表示为：

$$\hat{H} = \hat{H}_{\mathrm{e}} + \hat{H}_{\mathrm{N}} + \hat{H}_{\mathrm{e\text{-}N}} \tag{2-2}$$

其中：

$$\hat{H}_{\mathrm{e}}(r) = \hat{T}_{\mathrm{e}}(r) + \hat{V}_{\mathrm{e}}(r) = -\sum_{i}\frac{h^2}{2m_{\mathrm{e}}}\nabla_i^2 + \frac{1}{2}\sum_{i\neq j}\frac{e^2}{|r_i - r_j|} \tag{2-3}$$

$$\hat{H}_{\mathrm{N}}(R) = \hat{T}_{\mathrm{N}}(R) + \hat{V}_{\mathrm{N}}(R) = -\sum_{I}\frac{h^2}{2M}\nabla_I^2 + \frac{1}{2}\sum_{I\neq J}\frac{Z_I Z_J}{|R_I - R_J|} \tag{2-4}$$

$$\widehat{H}_{e\text{-}N}(r,R) = - \sum_{i,I} \frac{Z_I e^2}{|r_i - R_I|} \tag{2-5}$$

因此 $\widehat{H}$ 可变形为：

$$\widehat{H} = - \sum_i \frac{h^2}{2m_e} \nabla_i^2 + \frac{1}{2} \sum_{i \neq j} \frac{e^2}{|r_i - r_j|} - \sum_I \frac{h^2}{2M} \nabla_I^2 + \frac{1}{2} \sum_{I \neq J} \frac{Z_I Z_J}{|R_I - R_J|} - \sum_{i,I} \frac{Z_I e^2}{|r_i - R_I|}$$

$$\tag{2-6}$$

式中，$\widehat{T}_e$ 和 $\widehat{V}_e$ 分别表示所有电子的动能和电子之间的库伦相互作用能；$\widehat{T}_N$ 为所有原子核的动能；$\widehat{V}_N$ 为原子核之间的库伦相互作用能；$\widehat{H}_{e\text{-}N}$ 为所有电子和原子之间的相互作用能；m_e 和 M 分别为电子和原子核的质量；Z 为核电荷数。

　　实际的研究体系包含数量庞大的电子和原子核，每立方厘米固体的微观粒子至少是 10^{23} 的数量级。且核外电子的运动并非是独立的，所以很难直接求解多体系统的 Schrödinger 方程。因此，人们通过一些近似和简化的方法（如绝热近似和 Hatree-Fock 近似等）来求解，以实现用简单体系的精确解获得复杂体系的近似解。

2. 2. 1. 1　Born-Oppenheimer 近似

　　由于原子核的质量远大于单个电子质量，原子核中的每个质子或中子要比一个电子的质量大 1800 倍，且原子核的速度远低于电子的运行速度，这意味着电子对环境变化的响应远比原子核快得多。因此，在研究电子运动时，可将原子核近似为静止状态，表现为一种平均化的原子核立场，即绝热地看待电子的运动，因此也称绝热近似或 Born-Oppenheimer 近似[132,133]。在该近似下，多粒子体系的 Schrödinger 方程的解为：

$$\Psi(r,R) = \chi(R)\Phi(r,R) \tag{2-7}$$

式中，$\Psi(r,R)$ 和 $\Phi(r,R)$ 分别为原子核运动和电子运动的波函数，其中 $\Psi(r, R)$ 仅和原子核的位置有关，而 $\Phi(r,R)$ 与原子核以及电子的位置均有关。

　　多粒子系统的哈密顿算符可表示为：

$$\widehat{H}_0(r,R) = \widehat{H}_e(r) + \widehat{V}_{N\text{-}N}(R) + \widehat{H}_{e\text{-}N}(r,R) \tag{2-8}$$

　　经过变形可得出对应的哈密顿方程：

$$\widehat{H}_0(r,R)\,\Phi(r,R) = E(R)\Phi(r,R) \tag{2-9}$$

$$\left[- \sum_i \frac{h^2}{2m_e} \nabla_i^2 + \frac{1}{2} \sum_{i \neq j} \frac{e^2}{|r_i - r_j|} + \frac{1}{2} \sum_{I \neq J} \frac{Z_I Z_J}{|R_I - R_J|} - \sum_{i,I} \frac{Z_I e^2}{|r_i - R_I|} \right] \Phi(r,R)$$

$$= E(R)\Phi(r,R) \tag{2-10}$$

　　从式（2-9）和式（2-10）可知 R 仅为参数出现。当体系中的原子核位置确定时，式（2-10）中的第三项 $\sum \dfrac{Z_I Z_J}{|R_i - R_j|}$ 可被看作为以常数，其不会对波函数 $\Phi(r,R)$ 造成影响，仅会影响体系的总能量。所以式（2-10）可简化成下列

关系：

$$\left[-\frac{1}{2}\sum_i \nabla_i^2 - \sum_i V(r_i) + \frac{1}{2}\sum_{i\neq j}\frac{1}{|r_i - r_j|} \right]\Phi = E\Phi \qquad (2\text{-}11)$$

但是对于多电子的体系，电子之间的相互作用非常复杂，因而式（2-11）中的 $\sum \frac{1}{|r_i - r_j|}$（即不同电子之间的作用能）很难被求解出来。因此，还需继续做一些近似来求解薛定谔方程。

2.2.1.2 Hatree-Fock 近似

经过绝热近似后，体系中仍然包含数量庞大的电子。为了处理电子的相互作用势，Hartre 于 1928 年提出如下假设[134]：将与真实物理情况很接近的单粒子平均势替代电子受到的作用势。这样就可以把多电子体系中的相互作用简化为有效势场下的单电子运动，且这个势场由体系中所有电子的贡献自洽决定。此时多电子体系的波函数 $\Phi(r)$ 可以由单电子波函数 $\varphi(r)$ 的乘积来表达，即：

$$\Phi(r) = \varphi_1(r_1)\,\varphi_2(r_2)\cdots\varphi_i(r_i)\cdots\varphi_n(r_n) \qquad (2\text{-}12)$$

将式（2-12）代入式（2-11）后，根据量子力学的变分原理就可得出 Hartree 方程：

$$\left[-\nabla^2 + V(r) + \sum_{i'(\neq i)}\int\frac{|\varphi_{i'(r')}|^2}{|r'-r|}dr' \right]\varphi_i(r) = E_i\,\varphi_i(r) \qquad (2\text{-}13)$$

可以看出，Hartee 方程中的哈密顿量被极大地简化了，但是这种简化忽略了电子的交换性。针对该问题，Fock[135] 于 1929 年在 Hartree 方程的基础上做了一些改进，即将电子波函数的 Slater 行列式作为多电子体系的波函数：

$$\Phi = \frac{1}{\sqrt{N!}}\begin{vmatrix} \varphi_1(r_1,s_1) & \varphi_2(r_1,s_1) & \cdots & \varphi_N(r_1,s_1) \\ \varphi_1(r_2,s_2) & \varphi_2(r_2,s_2) & \cdots & \varphi_N(r_2,s_2) \\ \vdots & \vdots & & \vdots \\ \varphi_1(r_N,s_N) & \varphi_2(r_N,s_N) & \cdots & \varphi_N(r_N,s_N) \end{vmatrix} \qquad (2\text{-}14)$$

式中，$\varphi_i(r_i,s_i)$ 为状态为 i 的单电子波函数，将关系式（2-11）和式（2-14）合并就可得到著名的 Hartree-Fock 方程：

$$\left[-\nabla^2 + V(r) \right]\varphi_i(r) + \sum_{i\neq j}\int\frac{|\varphi_{i'}(r')|^2}{|r'-r|}\varphi_i(r)\,dr' -$$

$$\sum_{i\neq j,\,\parallel}\int\frac{\varphi_j^*(r')\varphi_{i'}(r')}{|r-r'|}\varphi_j(r)\,dr' = E_i\varphi_i(r) \qquad (2\text{-}15)$$

比较式（2-13）和式（2-15）可以发现，Hartree-Fock 方程比 Hartree 方程多了一个因波函数交换而产生的交换相互作用项，具有更高的计算精度。另外，它成功地将多电子体系的 Schrödinger 方程简化为单电子的有效势方程。然而，Hartree-Fock 方程也存在一定的缺陷，它不仅忽略了自旋反平行的电子间的排斥作用，而且未考虑电子的关联能，因而难以计算被研究体系的键能、激发态和过渡态等问题。但它为密度泛函理论的建立打下了坚实的基础。

2.2.2　密度泛函理论

量子力学是用波函数来描述系统的运动状态，然而对于多电子体系，纵然利用绝热近似以及 Hartree-Fock 近似，人们仍然难以通过薛定谔方程求出精确的波函数。为了弥补 Hartree-Fock 方程中的不足，Hohenberg、Kohn 和 Sham 于 20 世纪 60 年代中期在 Thomas-Fermi 模型的基础上提出了密度泛函理论，其主要思想就是用电子密度代替波函数，通过 Hohenberg-Kohn 模型将能量看成是电子密度的泛函，利用变分方法就可获得电子的密度以及体系的总能量。该理论不仅是将多电子体系问题转化为单电子体系方程的理论基础，而且也给出了如何计算单电子有效势的理论依据。因此，密度泛函理论成为计算物质电子结构的强有力工具，在研究材料的物理化学性质以及新材料的设计等方面作出了巨大的贡献。

2.2.2.1　Hohenberg-Kohn 定理

1964 年，Hohenberg 和 Kohn 两人[136,137]在非均匀电子气理论的基础上，提出了 Hohenberg-Kohn 定理，它可归结为下列两个基本定理。

定理一：从薛定谔方程得到的基态能量是电荷密度的唯一函数。该定理表明，在基态波函数和基态电荷密度之间存在一一对应关系，即基态能量 E 可以表达为 $E(\rho(r))$（式中，$\rho(r)$ 为电荷密度）。

定理二：使整体泛函最小化的电荷密度就是对应于薛定谔方程完全解的真实电荷密度。如果已知这个"真实的"泛函形式，那就能通过不断调整电荷密度直至由泛函所确定的能量达到最小化，并可以找到相应的电荷密度。

按照上述的 Hohenberg-Kohn 定理，多粒子系统的总能量可表示为：

$$E(\rho(r)) = T(\rho(r)) + E_{ext}(\rho(r)) + E_{e\text{-}e}(\rho(r)) + E_{N\text{-}N} + E_{XC}(\rho(r))$$

$$(2\text{-}16)$$

式中，$T(\rho(r))$ 为多粒子体系中粒子的动能泛函 $T[\rho(r)]$；$E_{ext}(\rho(r))$ 为体系和外场之间的相互作用能；$E_{e\text{-}e}(\rho(r))$ 和 $E_{N\text{-}N}$ 为电子和原子核之间的库仑作用；$E_{XC}(\rho(r))$ 为粒子之间的交换关联能泛函。其中，$E_{ext}(\rho(r))$ 表示所有没有包含在无相互作用粒子模型中的相互作用项，它代表着全部相互作用的复杂性。

Hohenberg-Kohn 定理表明，$\rho(r)$ 是决定多电子体系基态能量的基本变量，系统的能量泛函通过对 $\rho(r)$ 进行变分便可得到体系的基态。然而，该定理并未给出 $\rho(r)$、$T(\rho(r))$ 和 $E_{XC}(\rho(r))$ 的具体形式，故不能确定。然而，Kohn-Sham 方程可以确定前面两个变量，而局域密度近似和广义梯度近似可以确定第三个变量。

2.2.2.2　Kohn-Sham 方程

1965 年，Kohn 和 Sham 两人引入一个重要的假设[137]：将无相互作用的多粒子体系与有相互作用的多粒子体系联系起来，即认为存在局域的单粒子外场势，使无相互作用体系的基态粒子数密度等于有相互作用的多粒子体系的基态粒子数密度。则可用 N 个单粒子波函数 $\psi_i(r)$ 来构建密度函数 $\rho(r)$：

$$\rho(r) = \sum_{i=1}^{N} \psi_i^*(r)\,\psi_i(r) \tag{2-17}$$

那么多粒子体系的动能泛函可表示为：

$$T(\rho(r)) = \sum_{i=1}^{N} \int \varphi_i^*(r)\left(-\frac{1}{2}\right)\nabla^2 \varphi_i(r)\,\mathrm{d}r \tag{2-18}$$

外部势对电子的作用为：

$$E_{\mathrm{ext}}(\rho(r)) = \int v(r)\rho(r)\,\mathrm{d}r \tag{2-19}$$

电子之间的作用泛函可表达为：

$$E_{\mathrm{e\text{-}e}}(\rho(r)) = \frac{1}{2}\iint \frac{\rho(r)\rho(r')}{|r-r'|}\,\mathrm{d}r\,\mathrm{d}r' \tag{2-20}$$

电子核之间的相互作用能可写为：

$$E_{\mathrm{N\text{-}N}} = \sum_{i<j} \frac{Z_i Z_j}{|R_i - R_j|} \tag{2-21}$$

综合上述方程就可得出体系总能泛函：

$$E(\rho(r)) = \sum_{i=1}^{N} \int \varphi_i^*(r)\left(-\frac{1}{2}\right)\nabla^2 \varphi_i(r)\,\mathrm{d}r + \int v(r)\rho(r)\,\mathrm{d}r +$$

$$\frac{1}{2}\iint \frac{\rho(r)\rho(r')}{|r-r'|}\,\mathrm{d}r\,\mathrm{d}r' + \sum_{i<j} \frac{Z_i Z_j}{|R_i - R_j|} + E_{\mathrm{XC}}(\rho(r)) \tag{2-22}$$

将体系总能泛函 $E(\rho(r))$ 对电子密度进行变分，搜索最佳的单电子态 $\varphi_i(r)$，就可得到单电子的 Kohn-Sham 方程[137]：

$$\left[-\frac{1}{2}\nabla^2 + V_{\mathrm{KS}}(\rho(r))\right]\varphi_i(r) = E_i\varphi_i(r) \tag{2-23}$$

$$V_{\mathrm{KS}}(\rho(r)) = V(r) + \int \frac{\rho(r')}{|r-r'|}\mathrm{d}r' + \frac{\delta E_{\mathrm{XC}}(\rho(r))}{\delta\rho(r)} \tag{2-24}$$

式中，$V_{\mathrm{KS}}(\rho(r))$ 为由电荷密度 $\rho(r)$ 决定的有效势；$V(r)$ 为外势；$\int \frac{\rho(r')}{|r-r'|}\mathrm{d}r'$ 为库伦排斥力；$\frac{\delta E_{\mathrm{XC}}(\rho(r))}{\delta\rho(r)}$ 为交换关联势。

由式（2-23）和式（2-24）可知，需要用迭代算法来求解 Kohn-Sham 方程，其过程简述如下：

（1）定义一个初始的、尝试性的电荷密度 $\rho(r)$。

（2）求解由尝试性的电荷密度所确定的 Kohn-Sham 方程，得到单电子波函数 $\psi_i(r)$。

（3）计算由第（2）步 Kohn-Sham 单粒子波函数所确定的电荷密度，即 $\rho_{KS}(r) = 2\sum \psi_i^*(r)\,\psi_i(r)$。

（4）比较计算得到的电荷密度 $\rho_{KS}(r)$ 和在求解 Kohn-Sham 方程时使用的电荷密度 $\rho(r)$。如果两个电荷密度相同，则这就是基态电荷密度，并可将其用于计算总能。如果两个电荷密度不同，则用某种方式对尝试性电荷密度进行修正，然后再从第（2）步重新开始。

然而，上述方程中的交换关联能泛函 $E_{XC}(\rho(r))$ 是未知的，所以要求解 Kohn-Sham 方程的核心问题就需精确地确定 $E_{XC}(\rho(r))$。

2.2.2.3　局域密度近似和广义梯度近似

在密度泛函理论中 $E_{XC}(\rho(r))$ 处于极其关键的地位，对于均匀电子体系可以找到精确解。然而，对于任何真实材料而言，原子核外的电荷密度是不均匀的，难以得出精确解。因此，人们采用各种近似方法得到交换关联能泛函，其中应用比较广泛的近似处理有局域密度近似（LDA）和广义梯度近似（GGA）。

局域密度近似的基本思想就是：把体系分成许多无限小的区间，每个小区间内电子分布可视为均匀的，则各个小区间对交换关联能的贡献可以等效为具有相同体积的均匀电子气对交换关联能的贡献。因此，电子的交换关联能可以写成如下形式：

$$E_{XC}^{LDA}(\rho) = \int \rho(r)\,\varepsilon_{XC}(\rho(r))\,\mathrm{d}r \tag{2-25}$$

因此，如果知道 $\varepsilon_{XC}(\rho(r))$ 的表达式，就可利用积分获得交换关联能 $E_{XC}(\rho(r))$。另外，$E_{XC}(\rho(r))$ 由交换能密度 $E_X(\rho(r))$ 和关联能密度 $E_C(\rho(r))$ 两部分组成，即：

$$E_{XC}(\rho(r)) = E_X(\rho(r)) + E_C(\rho(r)) \tag{2-26}$$

$$E_X(\rho(r)) = -\frac{3}{4}\left(\frac{3\rho}{\pi}\right)^{\frac{1}{3}} \tag{2-27}$$

并且可获得交换关联势的解析式：

$$V_{XC} = \frac{\delta E_{XC}}{\delta\rho} = \varepsilon_{XC}(\rho(r)) + \frac{\delta E_{XC}(\rho)}{\delta\rho}\rho(r) \tag{2-28}$$

目前，局域密度近似是应用最简单的一种交换关联能近似。原则上说，对于均匀电子气多体系统，或者电荷密度随空间位置变化缓慢的体系，LDA 泛函可以得出比较满意的结果。如固体和表面体系的结构、弹性性质的计算。然而，它也存在一定的局限性，不可用于计算电荷密度分布不均匀的体系、体系束缚能的绝对值以及禁带宽度的绝对值等情况。

为了改善这一缺点，人们开发了广义梯度近似（GGA），即假设某一体积元里的交换关联能密度 $E_X(\rho(r))$ ，不仅与局域电子密度有关，而且还依赖于近邻的电子密度。即通过引入电子密度梯度描述近邻电子密度的影响而对交换关联能密度作修正：

$$E_{XC}^{GGA}(\rho(r)) = \int f(\rho(r), |\nabla\rho(r)|)\,\mathrm{d}r \tag{2-29}$$

在与固体相关的计算中，最为广泛使用的两个 GGA 泛函是 Perdew-Wang 泛函（PW91）和 Perdew-Burke-Ernzerhof 泛函（PBE）。此外，还开发和使用了十几种其他的 GGA 泛函，特别是对于隔离分子的计算。其中，PW91 和 PBE 泛函的表达式分别为：

$$E_{XC}^{PW91}(\rho(r)) = \int \rho(r)\,\varepsilon_X(r_s, 0)\,F_X(s)\,\mathrm{d}r \tag{2-30}$$

$$E_{XC}^{PBE}(\rho(r)) = \int \rho(r)\,\varepsilon_{XC}(\rho(r))\,\mathrm{d}r + E_{XC}^{GGA}(\rho(r)|\nabla\rho(r)|) \tag{2-31}$$

大量的计算结果表明，在能量和晶格结构等方面的计算，广义梯度近似的准确性明显较局域密度近似的高，因而广泛应用于固体材料性质的计算。

2.2.2.4　自洽场理论

由上述可知，根据已知的 $\rho(r)$ 可以得到相应的 $E_{XC}(\rho(r))$ 。因此，在多粒子体系中，当体系给出初始的电荷密度 $\rho_0(r)$ ，即可得到各项的位势，进而算出有效位势 $V_{eff}(r)$ 。然后将其代入 Kohn-Sham 方程进行求解，于是可获得各个能级及其相应的波函数，并计算出新的电荷密度 $\rho(r)$ 。之后，将 $\rho(r)$ 与初始电荷密度进行对比，如果不相同，则经过混合过程再产生新的电荷密度，重复上述运算过程，直到差别小于设定的条件为止，称为自洽场（SCF）计算。其计算流程如图 2.1 所示。

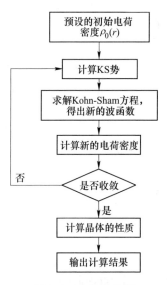

图 2.1　自洽场计算晶体性质的原理图

2.2.2.5　Bloch 定理和赝势方法

对于理想晶体，原子规则排列成晶格，晶格具有周期性，因而 Kohn-Sham 方程中的势场 $V(r)$ 也具有周期性，即：

$$V(R_l + r) = V(r) \tag{2-32}$$

布洛赫定理的基本思想：周期性势场的单电子薛定谔方程的非简并的解和通过适当选择组合系数的简并解同时是平移算符的属于本正值的本证函数。

布洛赫定理可以用数学形式表达为：

$$\Psi_n(k, r + R_l) = \mathrm{e}^{ik\cdot R_l}\,\Psi_n(k, r) \tag{2-33}$$

式中，$\Psi_n(k,r)$ 的被称为布洛赫函数。根据布洛赫定理，波函数可以写成如下形式：

$$\psi_k(r) = e^{ik \cdot r} u_k(r) \tag{2-34}$$

$$u_k(r) = u_k(r + R_l) \tag{2-35}$$

式中，k 和 R 分别为电子波矢和任意格点的位矢。

固体中的电子态常用 k 点的集合来表示，固体体积越大 k 点的密度就越大，那么就需要非常多的 k 点来计算固体电子的势能。然而，通过布洛赫定理，求解无数个电子波函数的问题就可以被简化为求解在无限多个 k 点上有限多的波函数的问题。因此，固体系统的势能计算就被极大地简化了。在实际计算过程中，金属体系需要的 k 点数目较半导体或绝缘体的高，且系统能量的误差随 k 点数的增大而减小。

为了减小由芯区电子所导致的计算负担，最重要的方法就是使用赝势（pseudopotential）。从概念上说，赝势就是把某个芯区电子集合所产生的电荷密度，替换为符合真实离子的某些重要物理和数学特性的圆滑电荷密度。赝势是根据理想情况下的隔离原子开发得到的，但所得到的赝势能够可靠地用于处理任何化学环境中的原子，并不需要对其赝势进行调整。对于每种原子的特定赝势，都有一个在使用该泛函进行计算时所使用的最小截断能。需要较高截断能的赝势称为"硬的"，而计算效率更高且具有较低截断能的赝势称为"软的"。当前，使用比较普遍的赝势有：超软赝势（USPP）、模守恒赝势（NCPP）和投影缀加平面波（PAW）等。

2.2.3　CASTEP 软件简介

Materials Studio（MS）是诸多被广泛应用的量子力学综合软件之一，其内嵌的 CASTEP 模块广泛应用于金属材料，复合材料及半导体等多种材料领域计算机模拟。本书的所有计算均采用 CASTEP 软件，其优势就是将晶体结构视为周期性结构，在建模以及计算过程中，只需要一个非常小的单胞便可模拟固体、表面和界面材料的性能。另外，它可以将密度泛函从头算与分子动力学相结合实现第一性原理分子动力学模拟。CASTEP 的特点及其主要功能如图 2.2 所示。

CASTEP 的计算过程可概述为：首先，根据实验测得的晶体结构数据，建立被研究对象的晶体结构；然后对建立的晶体结构进行优化，使得体系电子的能量最小化和几何结构稳定化；最后是在优化好的基础上进行材料的性质计算，如能带结构（band structure）、差分电荷密度（electron density difference）、态密度（density of states），以及布居分析（population analysis）等性质。

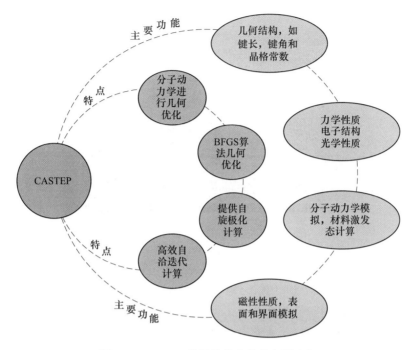

图 2.2　CASTEP 软件的特点及其主要功能

2.3　实验研究方法

2.3.1　实验材料和设备

为了与第一性原理计算的结果相比较，本书进行了两个等温析出实验：（1）对 Nb-Ti 微合金钢进行热处理，找出并分析（Nb,Ti）C 或（Ti,Nb）（C,N）析出相的形核特征，揭示 NbC 在 TiN 和 TiC 析出相上的异质形核机理；（2）研究 Nb 和 Nb-Mo 微合金化钢中的第二相析出行为以及此两种钢的微观组织变化，以摸清 Mo 对钢的微观组织以及 NbC 在钢基体上析出行为的影响。

本书所有实验用钢均在 DHL1250 高真空电弧熔炼炉熔炼（见图 2.3），熔炼过程中先在钛锭上引弧，消耗残余的氧气，并以氩气作为保护气。电弧熔炼炉以铜坩埚为阴极，钨棒为阳极，熔炼的钮扣锭试样为半球形，最大横截面直径 36～38mm，厚度 8～12mm，质量在 110g 左右。

2.3.1.1　异质形核析出实验

实验选用某钢厂的含 Nb 微合金钢为实验原材料，其成分见表 2.1。前人实验研究发现，异质核心的存在是导致异质形核复合析出相的必要条件。因 TiN 具有较高的固溶温度，当钢中的 Ti、N 含量达到一定值时，TiN 会在钢液凝固过程中先析出来，故 TiN 析出相能成为后来 NbC 异质形核析出相的形核核心。因此，

图 2.3　实验所用的高真空电弧熔炼炉

我们在含 Nb 微合金钢的基础上添加一定量的 Nb、Ti 和 N，通过控制钢中的成分以控制析出量。根据热力学计算，TiN 在液相区或者固液两相区析出时所对应的 w_{Ti}、w_N 的最低质量百分含量分别为 0.05% 和 0.0075%，为增大 NbC 的析出量，本实验将 w_{Nb} 控制为 0.08%，配料并熔炼后实验用钢的成分见表 2.2。

表 2.1　原材料的化学成分（质量分数）　　　　（%）

成分	C	Si	Mn	P	S	Alt	Nb	Ti
含量	0.16	0.20	1.53	0.009	0.002	0.036	0.040	0.013

表 2.2　实验用钢的化学成分（质量分数）　　　　（%）

成分	C	Si	Mn	P	S	Alt	Nb	Ti	N
含量	0.16	0.20	1.53	0.009	0.002	0.036	0.0826	0.0492	0.0121

考虑到 Nb(C,N) 在 950~1100℃ 范围内可完全固溶，所以本实验将析出温度控制在 1000℃ 左右。实验时，先将原材料和中间合金加入真空感应炉进行熔炼，熔炼后对其进行浇注，锻造。切取一定规格试样后，将其加热到 1250℃ 保温 10min，以确保钢中的碳氮化物全部固溶，然后以 20℃/s 的速度冷却到 1000℃ 并保温 30min，最后水淬。钢中的元素含量由光谱仪得出，而 N 含量由氮氧分析仪测出。为了提高异质形核析出相的出现概率，本热处理工艺并未对试样进行热变形，其主要目的是避免沉淀相在变形后的高密度位错上析出。

2.3.1.2　Mo 对 Nb 钢的微观组织及 NbC 析出行为的影响实验

实验均采用真空电弧熔炼的方法来制备合金，配料时称取一定量的纯铁、45 号钢、硅铁、锰铁及铌铁，混合后加入真空电弧熔炼，并浇注成 110g 钢锭。另外向钢锭制造原料中分别加入适量的纯钼片，熔炼后得到 S2 和 S3 两种不同的钢种。表 2.3 所列为通过荧光分析得到的钢锭 S1、S2 和 S3 的化学成分；其中 S2 和 S3 钢中分别含有约 0.15% 和 0.25% 的钼元素，为方便起见，S1、S2 和 S3 分别命名为 Nb 钢，Nb-15Mo 钢和 Nb-25Mo 钢。之后对上述三种成分钢进行热处理：先将试样加热到 1200℃保温 60min 以完全溶解加热过程先析出的碳化物，再冷却至 700℃分别保温 5min、60min 和 120min，以研究 Mo 对碳化物析出长大行为以及钢材微观组织的影响，具体热处理过程如图 2.4 所示。

表 2.3 实验钢的化学成分（质量分数） （%）

钢（编号）	C	Si	Mn	Nb	Mo	P	S	Fe
Nb（S1）	0.097	0.20	1.35	0.293	0	0.010	0.005	余量
Nb-15Mo（S2）	0.111	0.20	1.37	0.323	0.151	0.013	0.005	余量
Nb-25Mo（S3）	0.114	0.21	1.38	0.315	0.223	0.013	0.005	余量

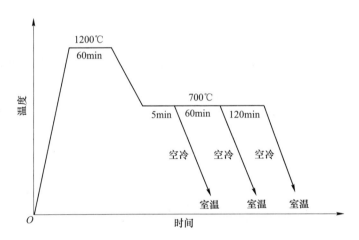

图 2.4 试样钢热处理过程的原理图

2.3.2 分析测试方法

2.3.2.1 微观组织观察

A 光学显微（OM）组织观察

截取尺寸为 12mm×12mm×12mm 的热处理试样进行金相分析。截取的试样经镶嵌后，先进行机械打磨抛光，然后用 4% 的硝酸酒精进行腐蚀 10~20s，最后使用光学显微镜（尼康 LV150）对其金相组织进行观察。

B 扫描电镜（SEM）观察

将需要观察的钢样进行打磨抛光后，用 4% 的硝酸酒精进行腐蚀，腐蚀的时间略长于金相试样。之后将所得腐蚀样品在 JSM-6700F 扫描电镜下进行观察，并可用该扫描电镜配备的能谱对组织或是析出相进行能谱分析。

C　透射电镜（TEM）观察

利用 TecnaiFF20 型场发射高分辨透射电子显微镜观测试样的微观组织及析出相形貌，并用附带的能谱仪对析出相粒子进行成分测定，分析测试样品的制作方法如下：

（1）薄膜试样。先将试样线切割加工成 0.3mm 左右的薄片，用砂纸打磨到 0.04mm 左右，然后将薄片在直径为 3mm 的冲片器上，冲成直径 3mm 的小圆片。之后用双喷减薄仪将小圆片减薄到 100nm 左右，电解减薄仪型号为 MTP-1A，电解抛光液为 15% 的高氯酸+85% 的硝酸，电解电压 5~110V，电流 0~150mA，电解 1min 左右，最后用镊子夹住减薄后的小圆片放到清洁的无水酒精中清洗，用滤纸吸干观察。

（2）碳膜复型试样。对需观察的样品表面进行机械抛光，并用 4% 的硝酸酒精溶液中进行腐蚀。之后，将制备好的金相试样放在真空镀膜装置中，在垂直方向上向样品表面蒸镀一层碳膜，时间设定为 21s。喷碳结束后，用小刀将喷有碳膜的样品表面划成 3mm×3mm 的小方块，然后用 8% 的硝酸酒精溶液进行腐蚀，时间为 2min 左右。之后用镊子夹着试样，以 30°缓慢浸入水中进行脱膜，注意入水方向应与刀痕平行。脱模后，用镊子夹着铜网捞膜，放入另一杯干净的水中清洗后，再次捞取烘干，放于试样盒中以备观察。

2.3.2.2　电子背散射衍射

利用热场发射扫描电镜（型号为 Zeiss Sigma）进行电子背散射衍射分析（EBSD），空间分辨率 0.05μm。截取 12mm×12mm×12mm 金相样，先经机械抛光，然后进行电解抛光。采用的电解抛光液为 70% 酒精+20% 高氯酸+10% 甘油，电压为 13eV，电流为 2A，电抛光时间为 30s。选择扫描区域为：200μm×200μm，步长为 0.8μm。

3 Fe 在复合碳化物表面上吸附的理论计算

3.1 概述

由于钢中诸如简单碳化物 NbC、TiC 和复合碳化物 (Ti,Mo)C、(Nb,Mo)C、Ti(C,N) 等第二相颗粒均可成为铁素体或奥氏体的有效形核核心，从而细化晶粒和改善钢材的力学性能。因此，对异质形核机制的理论研究具有重要的意义。Cantor 等人[138,139]认为异质形核初期实际上是一个吸附过程，即本质上是一个由形核相原子通过不断吸附在形核核心表面堆垛长大的过程。根据该理论可知异质形核初期，Fe 原子首先会吸附在第二相颗粒表面进而通过不断堆垛长大形核。因实验条件的制约以及实验技术的限制，Fe 在第二相颗粒表面的异质形核过程难以通过实验方法来进行观察和解析。

当前，第一性原理计算被广泛用于研究金属原子吸附于颗粒表面，其可以得到吸附体系中的电子结构和原子特征等微观信息。Wang 等人[140]利用密度泛函理论方法模拟了 Fe 在 TiN (001) 表面的吸附行为，并揭示了 Fe 在 TiN 析出物表面的异质形核机理。另外，Lekakh 等人[141]利用第一性原理方法计算了 Fe 在各种纯过渡金属碳化物和氮化物的 (001) 表面的吸附行为，揭示了钢中析出相颗粒的形核倾向和形核潜力，这些计算证实了吸附能是一个可以描述 Fe 形核初期的可靠参数。除了纯碳化物，钢中多种合金元素的添加通常会形成不同的复合碳氮化物，如 (Ti,Mo)C、(Ti,V)C、(Nb,Mo)C、Ti(C,N) 和 Nb(C,N)。这些析出相也能够提高钢材的强韧性。然而，有关 Fe 在复合碳氮化物表面吸附行为的研究还未曾报道。因此，本章采用第一性原理方法研究了 Fe 在复合碳氮化物的 (001) 面上的吸附行为，并分析其电子结构和成键特征。另外，合金元素在碳氮化物表面的偏聚将会影响 Fe 的吸附[141]，所以本节也讨论 Fe 在含有 $3d$ 过渡金属的碳氮化物表面的吸附行为，以研究这些合金元素对 Fe 形核的影响。

3.2 Fe 原子吸附于 NbC 和 TiC 的 (001) 表面

3.2.1 建模与计算方法

本节均采用基于密度泛函理论结合平面波赝势方法的 CASTEP 软件压缩包进行计算，采用超软赝势描述原子核和电子的相互作用，且各原子的价电子分别是 Nb $4d^35s^2$，Ti $3d^24s^2$和 C $2s^22p^2$。电子的交换-相关作用采用 GGA-PBE 泛函来进行描述。所有计算在倒易空间上进行，第一布里渊区积分采用 Monkhorst-Pack 方案形成的特殊 k 点方法。对于体相的 NbC 和 TiC，k 点的网格划分均为 8×8×8，对于所有的表面以及吸附模型，k 点的网格划分为 8×8×1。平面波截断能量为 400eV，采用 Broyden-Fletcher-Goldfarb-Shanno（BFGS）算法[142]进行几何优化以实现原子的充分弛豫。收敛条件是自洽计算的最后两个循环能量之差小于 $1×10^{-5}$eV（以单个原子计），作用在每个原子上的力不大于 0.3eV/nm，内应力不大于 0.03GPa。

前人研究结果[111,141]表明 NbC 和 TiC 的（001）面最为稳定，因此本书仅考虑 Fe 原子吸附于碳化物（001）面的情况。建立模型时，从优化后的 NbC 和 TiC 体相结构分别切取 8 层原子厚度的（001）面[141]，然后在其垂直方向添加厚度为 1.5nm 的真空层，以消除上下表面之间的相互作用，并对这些模型进行结构弛豫和性质计算。Fe 在碳化物表面的吸附能（W_{ads}）可通过下列方程（3-1）求出：

$$W_{ads} = E_{Fe} + E_{surface} - E_{Fe+surface} \tag{3-1}$$

式中，$E_{surface}$ 和 E_{Fe} 分别为碳化物表面和单个 Fe 原子的能量；$E_{Fe+surface}$ 为一个 Fe 原子吸附于碳化物表面时的总能量。

3.2.2　NbC 和 TiC 的表面和体相性质

为了确保计算方法的准确性，首先对 NbC 和 TiC 的性质进行了计算。NbC 和 TiC 均为 NaCl 型的晶体结构，其空间群为 $FM\overline{3}M$，每个晶胞均含有 4 个 Nb（或 Ti）和 4 个 C 原子，如图 3.1 所示。首先采用 GGA-PBE 方法对它们的体相性质（包括晶格常数、体积和体模量）和表面性质（表面能）进行了计算，并将其与实验值进行比较，结果见表 3.1。

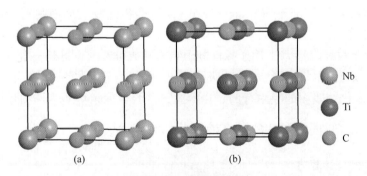

图 3.1　晶体结构
（a）NbC；（b）TiC

表 3.1　计算的 NbC 和 TiC 晶格常数 a、体积 V_0、体模量
B 和表面能 γ_s 与实验值、他人计算结果的比较

材　料	计算方法	$a=b=c/nm$	V_0/nm^3	B/GPa	$\gamma_s/J \cdot m^{-2}$
TiC	GGA$_{this\ work}$	0.4332	81.3×10^{-3}	250	1.69
	GGA[143]	0.4331	81.2×10^{-3}	248	1.60[141]
	实验值[144]	0.4329	81.1×10^{-3}	242	
NbC	GGA$_{this\ work}$	0.4480	89.9×10^{-3}	301	1.49
	GGA-PBE[145]	0.4493		307	1.42[141]
	实验值[146]	0.4470	89.3×10^{-3}	311[147]	1.55[148]

由表 3.1 可以看出，本书计算的 TiC 晶格常数 a 和体模量 B 分别为
0.4332nm 和 250GPa，其分别比相应的实验值要高 0.07% 和 3.33%。另外，本计
算得到的 TiC（001）的表面能为 1.69J/m^2，和 Medvedeva 等人[141]计算的结果十
分吻合。同样地，计算的 NbC 体相性质和表面能也与实验值、其他理论预测值
非常接近。因此，本书所使用的参数可以保证接下来计算的可靠性和准确性。

3.2.3　吸附能

Fe 原子在 NbC 和 TiC 的（001）面有三种不同的吸附位置，即 C-top 位、T-
top 位和 bridge 位，如图 3.2 所示。每种吸附构型由 8 个原子层构成，且选用 2×1
超晶胞进行吸附计算，结果见表 3.2。

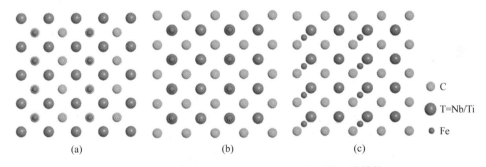

图 3.2　Fe 吸附于 AC(A=Nb，Ti)(001)面的三种结构
(a) C-top 位；(b) T-top 位；(c) bridge 位

表 3.2　Fe 原子吸附于 TC(T=Nb,Ti)(001)面不同位置的吸附能

吸附基体	吸附位置	Fe 到(001)面的距离/nm	吸附能/eV
NbC（001）	C-top	0.1685	6.04
	Nb-top	0.2133	3.66
	bridge	0.1720	5.87

吸附基体	吸附位置	Fe 到(001)面的距离/nm	吸附能/eV
	C-top	0.1699	5.82
TiC（001）	Ti-top	0.1997	2.51
	bridge	0.1705	5.03

由表 3.2 可以看出，Fe 原子吸附于 NbC（001）面上 C-top 位、T-top 位和 bridge 位时的吸附能分别为 6.04eV、3.66eV 和 5.87eV。众所周知，吸附能越大说明该吸附结构越稳定，通过对比可以发现 Fe 原子吸附于 NbC（001）表面的 C-top 位时体系最稳定，bridge 位次之，Nb-top 位最不稳定，然而弛豫后 Fe 原子到（001）表面的距离却依次增大。对于 Fe 原子吸附于 TiC（001）面的情况与之类似，同时也与 Wang[140] 和 Medvedeva[141] 的计算结果一致。因此，Fe 原子的优先吸附位为 C-top 位，且 Fe 吸附于 NbC（001）面具有最大的吸附能，这也间接地说明了奥氏体在 NbC 表面的形核潜力较 TiC 大。

3.3　Fe 原子吸附于 $(A_{1-x}m_x)C(A = Nb, Ti; m = Mo, V)$ 的 (001) 表面

3.3.1　模型建立与计算方法

根据上述的计算结果，C-top 位为 Fe 原子吸附于 NbC（001）或 TiC（001）面上的最佳吸附点。因此，接下来只考虑 Fe 吸附于复合碳化物的 C-top 位情况。首先，我们建立 Fe 原子吸附于具有不同构型的复合碳化物模型。以 Fe 在 $2×1$ $(Nb_{1-x}m_x)C$（001）表面的吸附结构为例，如图 3.3 所示，每个吸附体系由 1 个 Fe 原子和 8 个碳化物原子层组成，每一层具有 2 个过渡金属（transition metal，TM）原子和 2 个碳原子，即 Fe 原子的覆盖度为 0.25ML（monolayer，ML）。图 3.3（b）~（d）所示为不同堆垛顺序的 $(Nb_{1-x}m_x)C$（$x = 0$，0.25，0.50，1）原子结构，N 和 m 分别代表 Nb 原子和合金元素（如 Mo、V、Ti）。在图 3.3（a）中，Fe 原子吸附于 NbC（001）面的体系定义为 Fe@NbC（即 M@N 表示 M 吸附在 N 上）。本节所有计算均采用 CASTEP 软件，且计算所采用的赝势、泛函、截断能以及其他参数均和 3.2.1 节相同。

钢中的合金元素在过渡金属碳化物表面的偏聚也会影响 Fe 原子吸附[141]。因此，本节也研究了 Fe 原子吸附于 3d-TM（TM = Ti、V、Cr、Mn、Co 和 Ni 等）原子覆盖 $(A_{1-x}m_x)C$（001）表面的情况，以阐明这些合金元素是如何影响 Fe 形核的。考虑到 $(Nb_{0.5}Mo_{0.5})C$ 和 $(Ti_{0.5}Mo_{0.5})C$ 复合碳化物具有相对较大的 Fe 吸附能力（见 3.3.2 节），所以它们被用来研究 3d-TM 对 Fe 吸附的影响。图 3.4 所示为 Fe 原子吸附于 3d-TM 合金化的 $2 × 2$ $(Nb_{0.5}Mo_{0.5})C$（001）表面的吸附模型，每个吸附体系有 8 个原子层组成，且表面第一层中的一个 Mo 原子被一个 3d 原子所取代。因本章模拟 Fe 形核的初始阶段，故仅考虑非磁性 Fe 的情况[141]。

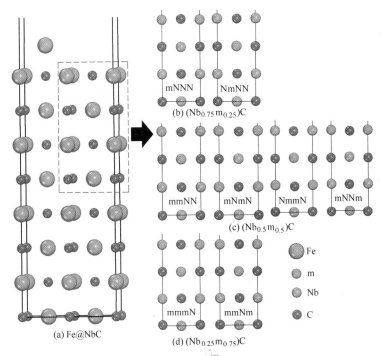

图 3.3 Fe 吸附于 NbC(001)表面的超晶胞结构和各原子构型

(图中 N 和 m 分别代表 Nb 和合金元素(如 Mo, V, Ti)。$(Nb_{1-x}m_x)C$ 堆垛顺序是由上至下的)

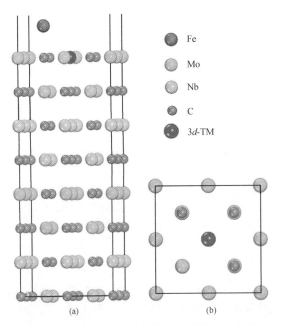

图 3.4 Fe 吸附于 3d-TM 合金化 2×2 $(Nb_{0.5}Mo_{0.5})C$ (001)表面的

超晶胞结构(a)和吸附系统的俯视图(b)

3.3.2　吸附能

为了解析 Fe 在不同复合碳化物表面的吸附行为，系统地计算了 Fe 在 Ti 基和 Nb 基复合碳化物（001）表面的吸附能（W_{ads}），结果如图 3.5 和图 3.6 所示。对于每个吸附系统，具有最大吸附能的稳定吸附结构均用实线连接。另外，Fe 原子在纯过渡金属碳化物（包括 TiC、MoC、VC 和 NbC）表面的吸附能也列于图中以做对比。

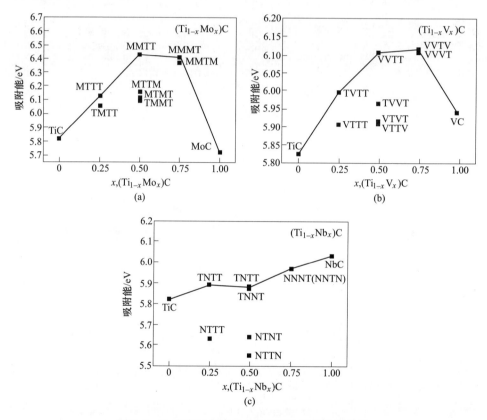

图 3.5　Fe 在各种复合碳化物（001）表面的吸附能

（a）$(Ti_{1-x}Mo_x)C$；（b）$(Ti_{1-x}V_x)C$；（c）$(Ti_{1-x}Nb_x)C$

（对于每个吸附体系，具有最大的吸附能用实线连接。T、M 和 N 分别表示 Ti、Mo 和 Nb 原子）

由图 3.5 可以看出，与 Fe@TiC 相比，合金元素进入 TiC 晶格后形成的复合碳化物对 Fe 的吸附有较大影响。Fe 在大部分 Ti 基复合碳化物表面的 W_{ads} 要比其在 TiC 表面上的吸附能要显著增加，这说明这些合金元素的引入有利于 Fe 形核。当 Mo 和 V 取代 TiC 晶格中的 Ti 时，无论取代的浓度有多大，其形成的复合碳化物的形核潜能均会有所增大，Lee 等人[149]通过实验观察发现含 Mo 钢的铁素体和奥氏体晶粒尺寸均比不含 Mo 钢的晶粒尺寸要小，这也间接地验证本书计算结果的准确性和合理性。然而，当 Nb 取代 TiC 晶格中的 Ti 时，部分复杂碳化物的形核潜力会降低。因此，$(Ti_{1-x}Mo_x)C$ 和 $(Ti_{1-x}V_x)C$ 的形核潜力要优于 $(Ti_{1-x}Nb_x)C$。

在 $Fe@(Ti_{1-x}Mo_x)C$、$Fe@(Ti_{1-x}V_x)C$ 和 $Fe@(Ti_{1-x}Nb_x)C$ 三个吸附体系中，$(Ti_{0.5}Mo_{0.5})C$、$(Ti_{0.25}V_{0.75})C$ 和 $(Ti_{0.25}Nb_{0.75})C$ 分别具有最大的吸附能，其大小分别为 6.43eV、6.12eV 和 6.04eV。特别地，与 $Fe@TiC$ 相比，具有 MMTT 构型的 $Fe@(Ti_{0.5}Mo_{0.5})C$ 吸附模型的 W_{ads} 要大 0.61eV，且 $Fe@(Ti_{0.5}Mo_{0.5})C$ 结构完全弛豫后的 Fe—C 键长（0.1694nm）小于 $Fe@TiC$ 系统的 Fe—C 键长（0.1705nm），说明了 $(Ti_{0.5}Mo_{0.5})C$ 具有最强的 Fe 吸附能力。Park 等人[150]通过第一性原理计算得出，$\alpha\text{-}Fe/(Ti_{0.5}Mo_{0.5})C$ 界面具有最低的界面能，因而 $(Ti_{0.5}Mo_{0.5})C$ 能够成为铁素体有效形核的核心，可见两者计算结果比较一致。

图 3.6 所示为 Fe 在各种 Nb 基复合碳化物（001）表面吸附能的比较，由图

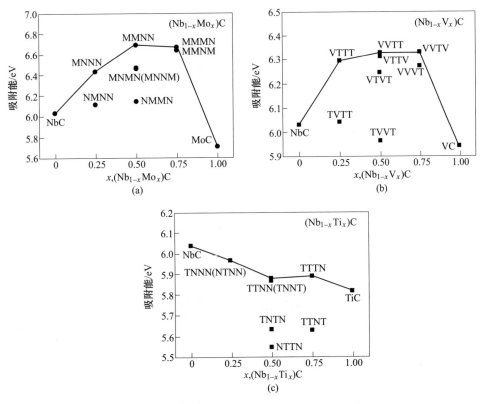

图 3.6 Fe 在各种复合碳化物（001）表面的吸附能

(a) $(Nb_{1-x}Mo_x)C$；(b) $(Nb_{1-x}V_x)C$；(c) $(Nb_{1-x}Ti_x)C$

（对于每个吸附体系，具有最大的吸附能用实线连接。N、M 和 N 分别表示 Nb、Mo 和 Nb 原子）

可以看出，当 Mo 和 V 取代 NbC 晶格中的部分 Nb 时，其形成的复合碳化物对 Fe 的吸附能力大部分要高于纯 NbC，如图 3.6（a）和（b）所示。然而，当 Ti 取代 NbC 晶格中的 Nb 时，无论取代的浓度有多大，其形成的复合碳化物的形核潜能均会有所降低，如图 3.6（c）所示。通过对比 Fe@（Nb$_{1-x}$Mo$_x$）和 Fe@（Nb$_{1-x}$V$_x$）两个吸附体系可以发现，（Nb$_{0.5}$Mo$_{0.5}$）和（Nb$_{0.25}$V$_{0.75}$）C 在上述系统中分别具有最大的吸附能，其大小分别为 6.69eV 和 6.33eV，且（Nb$_{0.5}$Mo$_{0.5}$）的形核潜力比（Nb$_{0.25}$V$_{0.75}$）C 要大。这也可被前人实验所佐证，即 Mo 取代 NbC 晶格中的部分 Nb 可以降低 NbC 的形核壁垒，因而可以促进 Nb-Mo 钢中碳化物的析出和细化原奥氏体晶粒[151,152]。

　　图 3.7 所示为 Fe@（A$_{1-x}$m$_x$）C 系统中最大的吸附能及其相应 Fe—C 键长的关系图。由图可以看出，对于上述五种 Fe@（Ti$_{1-x}$V$_x$）C，Fe@（Ti$_{1-x}$Mo$_x$）C，Fe@（Nb$_{1-x}$Mo$_x$）C，Fe@（Nb$_{1-x}$V$_x$）C 和 Fe@（Ti$_{1-x}$Nb$_x$）C 吸附系统来说，每个吸附体系最大的 W_{ads} 分别为 6.12eV、6.43eV、6.68eV、6.33eV 和 5.97eV。其中具有 MMNN 结构的（Nb$_{0.5}$Mo$_{0.5}$）的吸附能最大，其次为 MMTT 结构的（Ti$_{0.5}$Mo$_{0.5}$）C 复合碳化物，且合金元素 Mo 分别取代 TiC 和 NbC 晶格中 50% 的 Ti 和 Nb 后，其 W_{ads} 分别增加了 10.48% 和 10.60%。另外，通过对比弛豫后键长可以发现，Fe@（Nb$_{0.5}$Mo$_{0.5}$）和（Ti$_{0.5}$Mo$_{0.5}$）C 超晶胞结构中的 Fe—C 键长分别为 0.1694nm 和 0.1675nm，其均比其他三个吸附系统中 Fe—C 键长要短，说明了前两者的 Fe 原子和表面原子的相互作用更强，和上述的吸附能结果一致。因此，接下来将对该两个吸附体系做进一步的分析。

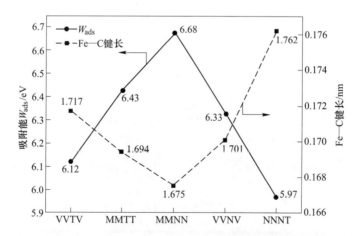

图 3.7　Fe@（A$_{1-x}$m$_x$）C 系统中最大的吸附能及其相应的 Fe—C 键长

（横坐标中的 N、T 和 M 分别代表 Nb、Ti 和 Mo）

3.3.3　电子性质

原子布局数、态密度和分态密度（partial density of state，PDOS）分析可以用来解析吸附体系的电子结构和化学键特性。为了更深层次理解 Fe@(Nb$_{0.5}$Mo$_{0.5}$)和 Fe@(Ti$_{0.5}$Mo$_{0.5}$)C 吸附体系的电子结构，其吸附的 Fe 原子以及表面原子（包括 C，Ti，Nb 和 Mo）的电荷分布情况见表 3.3，Fe@NbC 和 Fe@TiC 吸附系统的电荷转移情况也列于表中以作对比。可以看出，当 Fe 吸附于 TiC，(Ti$_{0.5}$Mo$_{0.5}$)C，NbC 和（Nb$_{0.5}$Mo$_{0.5}$)C，Fe 原子失去的电荷数有所不同，它们分别为 0.02e、0.12e、0.06e 和 0.14e。与 Fe@TiC、Fe@NbC 系统相比，Fe@(Nb$_{0.5}$Mo$_{0.5}$)、Fe@(Ti$_{0.5}$Mo$_{0.5}$)C 体系中的表面原子电荷转移数减少，但是 Fe 原子的电荷转移数量显著增加，这说明了 Fe 原子配位数的增加使得 Fe、C 和 Mo 原子的交互作用得以加强。此外，根据 Fe 原子的电荷分布可知各种碳化物吸附 Fe 的能力大小为（Nb$_{0.5}$Mo$_{0.5}$)C >（Ti$_{0.5}$Mo$_{0.5}$)C > NbC > TiC，和上述 W$_{ads}$ 的分析结果一致。

表 3.3　Fe 原子和不同碳化物的表面原子的布局电荷分析

吸附剂	原子	s	p	d	总电荷/e	电荷转移量/e
	Fe	0.63	0.48	6.87	7.98	0.02
TiC	C	1.51	3.16	0.00	4.67	−0.67
	Ti	2.26	6.48	2.61	11.34	0.66
	Fe	0.54	0.47	6.87	7.88	0.12
(Ti$_{0.5}$Mo$_{0.5}$)C	C	1.46	3.13	0.00	4.59	−0.59
	Mo	2.35	6.33	4.86	13.54	0.46
	Fe	0.56	0.48	6.89	7.94	0.06
NbC	C	1.47	3.19	0.00	4.67	−0.67
	Nb	2.37	6.27	3.80	12.44	0.56
	Fe	0.53	0.48	6.85	7.86	0.14
(Nb$_{0.5}$Mo$_{0.5}$)C	C	1.47	3.08	0.00	4.55	−0.55
	Mo	2.37	6.37	4.84	13.58	0.42

图 3.8 所示为最稳定吸附结构 Fe@(Nb$_{0.5}$Mo$_{0.5}$)C 的表面原子的 PDOS。可以看出，Fe 原子吸附于 (Nb$_{0.5}$Mo$_{0.5}$)C 表面前，C 原子的能带位于−14.35 ~ 2.33eV 范围内。另外，Fe p 轨道在 3.5eV 处出现一个明显的峰，且 Fe s 和 Fe d 轨道的中心均穿过费米能级。当 Fe 原子吸附于 (Nb$_{0.5}$Mo$_{0.5}$)C 表面后，Fe 原子的 s、p 和 d 轨道均向低能级方向移动，且这些轨道的峰值显著降低。同时，Fe p 轨道在 3.5eV 处的峰立刻消失；但是表面 C 原子的分态密度和 Fe 吸附前相比没有明显的变化，这是由于 Fe 原子半径比 C 原子的大，因而 C 原子的电子轨道难以被极

化。这也表明了具有较大吸附能力的（Nb$_{0.5}$Mo$_{0.5}$）C 能够保证 Fe 被吸附后的结构稳定性。此外，还可以观察到，Fe d 轨道和 C s 轨道在 $-7.5 \sim 2.3$eV 范围内产生明显的杂化，如图 3.8（c）和（d）所示，表明了该吸附体系中形成了较强的Fe—C 共价键，这也解释了（Nb$_{0.5}$Mo$_{0.5}$）C 为什么具有最高 Fe 的吸附能力。

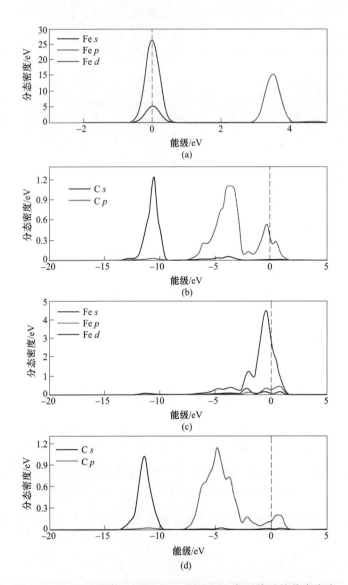

图 3.8   Fe 原子吸附于(Nb$_{0.5}$Mo$_{0.5}$)C(001)表面前后的分态密度

（吸附前 Fe 原子(a)和 C 原子(b)的 PDOS，吸附后 Fe 原子(c)

和 C 原子(d)的 PDOS，虚线代表费米能级）

3.3.4　Fe 吸附于 3d 过渡金属合金化的(A$_{0.5}$Mo$_{0.5}$)C 表面

根据上述计算结果可知，在 Fe@(Nb$_{1-x}$m$_x$) 和 Fe@(Ti$_{1-x}$m$_x$)C 吸附体系中，(Nb$_{0.5}$Mo$_{0.5}$)C 和 (Ti$_{0.5}$Mo$_{0.5}$)C 分别具有最大的 Fe 吸附能力。因此，本节计算并分析 Fe 原子在 3d 过渡金属合金化 (A$_{0.5}$Mo$_{0.5}$)C (001) 表面的吸附行为。图 3.9 所示为 Fe 原子在含有 3d 过渡金属 TM(TM＝Ti、V、Cr、Mn、Co 和 Ni 等) 的 (Nb$_{0.5}$Mo$_{0.5}$)C (001) 和 (Ti$_{0.5}$Mo$_{0.5}$)C (001) 表面上的吸附能。

由图可知，3d 过渡金属合金化后吸附体系的 W_{ads} 均高于未合金化的吸附体系，说明了这些过渡金属在 (A$_{0.5}$Mo$_{0.5}$)C 表面的偏聚能促进铁的形核，这可能是由于其表面 Fe—Mo、Fe—TM 和 Fe—C 键的形成而导致 Fe 配位数的增加。另外，通过对比发现，Fe 在 Cr 和 Mn 合金化 (A$_{0.5}$Mo$_{0.5}$)C 表面的 W_{ads} 比其他 3d 过渡金属合金化的系统要大，表明了 (Nb$_{0.5}$Mo$_{0.5}$)C 或 (Ti$_{0.5}$Mo$_{0.5}$)C 的 (001) 表面初始层中可能含有 Cr 和 Mn 原子。这也揭示了 (Nb$_{0.5}$Mo$_{0.5}$)C 和 (Ti$_{0.5}$Mo$_{0.5}$)C 表面偏聚的 Cr 和 Mn 能加强 Fe 和表面的成键强度，因而可以明显地促进 Fe 的吸附。此外，3d 合金元素在 Fe/(Nb$_{0.5}$Mo$_{0.5}$)C 和 Fe/(Ti$_{0.5}$Mo$_{0.5}$)C 界面的偏聚也可阻碍位错的运动，从而产生一定的强化作用[153]。

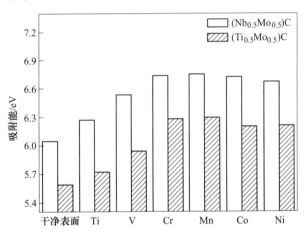

图 3.9　Fe 在 3d 过渡金属覆盖(Nb$_{0.5}$Mo$_{0.5}$)C 和
(Ti$_{0.5}$Mo$_{0.5}$)C 的(001)面上的吸附能

为了进一步理解吸附体系的电子性质和成键特征，计算了 Cr 和 Mn 合金化 (Ti$_{0.5}$Mo$_{0.5}$)C (001) 和 (Nb$_{0.5}$Mo$_{0.5}$)C (001) 表面前后吸附系统的 PDOS，结果如图 3.10 和图 3.11 所示。对于 Fe@(Ti$_{0.5}$Mo$_{0.5}$)C 系统 (见图 3.10(a))，Fe 3d 和 C 2p 在 -7.5~2.3eV 范围内产生一定的轨道杂化，从而形成了 Fe—C 共价键。另外，Fe 3d 和 Mo 3d 轨道也在 -2.5~2.3eV 产生明显的交互作用，从而

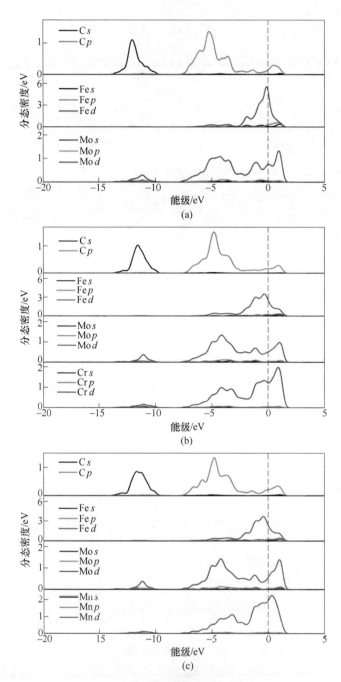

图 3.10　不同表面原子的分态密度

（竖直的虚线表示费米能级）

（a）（Ti$_{0.5}$Mo$_{0.5}$）C（001）表面；（b）Cr 合金化的（Ti$_{0.5}$Mo$_{0.5}$）C（001）表面；

（c）Mn 合金化的（Ti$_{0.5}$Mo$_{0.5}$）C（001）表面

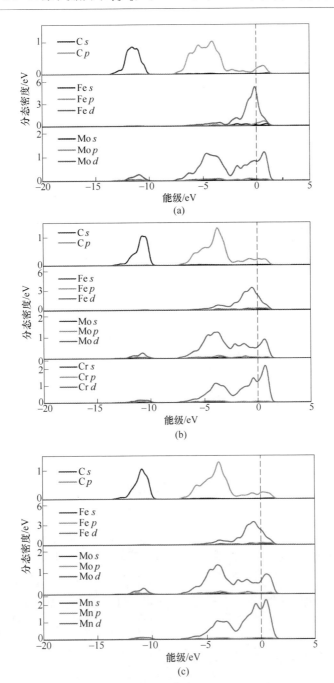

图 3.11　不同表面原子的分态密度

(竖直虚线表示费米能级)

(a)（$Nb_{0.5}Mo_{0.5}$）C（001）表面；(b)Cr 合金化的（$Nb_{0.5}Mo_{0.5}$）C（001）表面；

(c) Mn 合金化的（$Nb_{0.5}Mo_{0.5}$）C（001）表面

形成了 Fe—Mo 金属键。当 Cr 和 Mn 引入 Fe@ $(Ti_{0.5}Mo_{0.5})$C 吸附系统后（见图 3.10(b) 和(c)），C 原子在−5eV 附近的 PDOS 值有所增加，而 Fe 原子的分态密度值在费米能级附近却有所下降。这表明了 Fe 原子的部分电荷转移给了表面上的 C 原子，从而致使强化学键的形成。另外，Cr 和 Mn 原子 PDOS 值在−2.5～2.5eV 范围内比 Mo 原子的 PDOS 值要大，这表明 Fe 和 Cr、Mn 原子的成键强度要强于 Fe 和 Mo 原子之间的成键强度。对比图 3.10 和图 3.11 可以看出，Cr 和 Mn 合金化 Fe@ $(Nb_{0.5}Mo_{0.5})$C(001) 吸附系统前后的 PDOS 变化趋势和 Fe@ $(Ti_{0.5}Mo_{0.5})$C 系统基本一致。因此，这些分析进一步阐明了为什么 $(Ti_{0.5}Mo_{0.5})$C 和 $(Nb_{0.5}Mo_{0.5})$C 的 (001) 表面上的 Cr 和 Mn 原子能够提高铁的形核潜力。

3.4　Fe 原子吸附于 $A(C_{1-x}N_x)$ (A = Nb, Ti) 的 (001) 表面

3.4.1　模型建立与计算方法

根据 3.3.1 小节的建模方法，本节同样仅考虑 Fe 原子吸附于 $A(C_{1-x}N_x)$ (A = Nb, Ti) (001) 面的 C-top 位情况。以 Fe 在 2×1 $Nb(C_{1-x}N_x)$ (001) 表面的吸附结构为例，如图 3.12 所示，每个吸附体系由 1 个 Fe 原子和 8 个碳化物原子层组成，Fe 原子的覆盖度也为 0.25ML。图 3.12 (b)~(d) 所示为不同堆垛顺序的 $Nb(C_{1-x}N_x)$ (x=0，0.25，0.50，1) 原子结构，N 和 C 分别代表 N 原子和 C 原子。本节所有计算均采用 CASTEP 软件，且计算所采用的赝势、泛函、截断能以及其他参数均和 3.2.1 小节相同。

为了研究合金元素在 $A(C_{1-x}N_x)$ 表面的偏聚行为对 Fe 形核影响，本节也研究 Fe 原子吸附于 $3d$-TM (TM = Ti、V、Cr、Mn、Co 和 Ni 等) 原子覆盖 $A(C_{1-x}N_x)$ (001) 表面的情况。由于 $Nb(C_{0.5}N_{0.5})$ 和 $Ti(C_{0.5}N_{0.5})$ 复合碳氮化物的吸附 Fe 能力较强（见 3.4.2 小节），所以它们被选为研究对象。图 3.13 所示为 Fe 原子吸附于 $3d$-TM 合金化的 2×2 $Nb(C_{0.5}N_{0.5})$ (001) 表面的吸附模型，每个吸附体系有 8 个原子层组成，且表面第一层中的一个 Nb 原子被一个 $3d$ 原子所取代。

3.4.2　吸附能

为了揭示 Fe 在不同复合碳氮化物表面的吸附行为，计算了 Fe 在 $Ti(C_{1-x}N_x)$ 和 $Nb(C_{1-x}N_x)$ 的 (001) 表面的吸附能 W_{ads}，计算结果分别如图 3.14 和图 3.15 所示。可见，不同浓度的 N 原子取代 TiC 或 NbC 中的 C 原子后，其对铁的吸附有一定的影响。

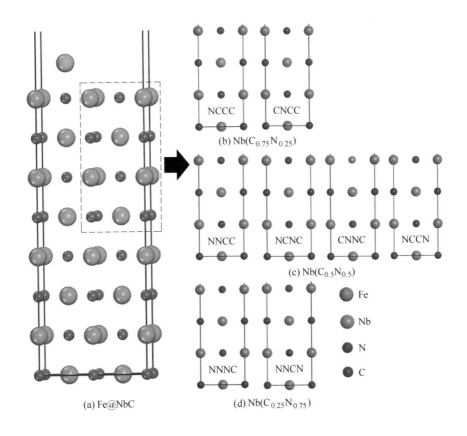

(a) Fe@NbC

(b) Nb($C_{0.75}N_{0.25}$)

(c) Nb($C_{0.5}N_{0.5}$)

(d) Nb($C_{0.25}N_{0.75}$)

图 3.12　Fe 吸附于 NbC(001)表面的超晶胞结构和各原子构型
(图中 N 和 C 分别代表 N 和 C 原子，Nb($C_{1-x}N_x$)堆垛顺序是由上至下的)

由图 3.14 可以看出，与 Fe@ TiC 相比，N 原子取代 TiC 中的 C 原子后，其形成的大部分碳氮化物对 Fe 的吸附均有所减弱。然而，当 N 原子取代 TiC 晶格中 50%的 C 时，具有 CNNC 结构的 Ti($C_{0.5}N_{0.5}$) 对 Fe 的吸附却有所增强，其吸附能值比未合金化前大 30.9%。因而钢中析出的 Ti($C_{0.5}N_{0.5}$) 能促进奥氏体的形核。对于 Fe@ Nb($C_{1-x}N_x$) 的吸附体系（见图 3.15），当 N 原子的取代浓度为 25%、50% 和 75% 时，其形成 CNCC 结构的 Nb($C_{0.75}N_{0.25}$)，CNNC 结构的 Nb($C_{0.5}N_{0.5}$) 以及 NNCN 结构的 Nb($C_{0.25}N_{0.75}$) 的 W_{ads} 均要大于纯 NbC，且 Nb($C_{0.5}N_{0.5}$) 具有最高的 Fe 吸附能力，说明此 3 种复合碳氮化物均可改善 Fe 的形核。另外，通过对比发现，Fe 在纯 NbC 表面的吸附能要大于其在纯 NbN 表面的吸附能，和 Medvedeva 的计算结果比较吻合[141]。

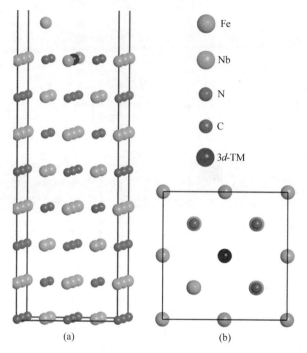

(a)   (b)

图 3.13   Fe 吸附于 3d-TM 合金化 2×2 Nb($C_{0.5}N_{0.5}$)（001）表面
的超晶胞结构(a)吸附系统的俯视图(b)

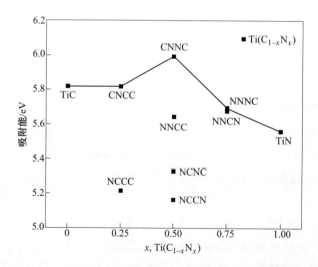

图 3.14   Fe 在 Ti($C_{1-x}N_x$)复合碳氮化物（001）表面的吸附能

（对于每个吸附体系，具有最大的吸附能用实线连接。N 和 C 分别表示 N 和 C 原子）

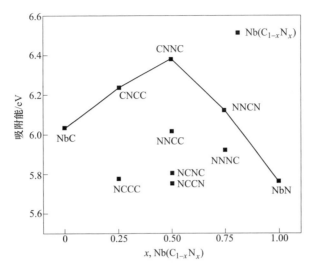

图 3.15 Fe 在 Nb($C_{1-x}N_x$)复合碳氮化物(001)表面的吸附能

(对于每个吸附体系,具有最大的吸附能用实线连接。N 和 C 分别表示 N 和 C 原子)

3.4.3 电子性质

为了更深入地理解吸附体系表面的电子相互作用和电荷分布,计算了具有较大 W_{ads} 的 Fe@Nb($C_{0.5}N_{0.5}$) 和 Fe@TiC($C_{0.5}N_{0.5}$) 吸附结构的电荷密度和差分电荷密度,其结果分别如图 3.16 和图 3.17 所示。对比两者电荷密度图发现,该两

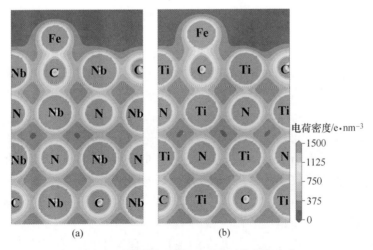

图 3.16 吸附体系沿(110)平面的电荷密度

(a) Fe@Nb($C_{0.25}N_{0.75}$);(b) Fe@TiC($C_{0.25}N_{0.75}$)

个吸附体系的稳定性主要取决于表面的 Fe—C 共价键，且 Fe 原子和表面的两个 Nb（或 Ti）原子也共用了一部分电子，从而形成了 Fe—Nb（或 Fe—Ti）金属键，但两者的电荷密度分布却有一些差别。与 Fe@ TiC（$C_{0.5}N_{0.5}$）相比，Fe@ Nb（$C_{0.5}N_{0.5}$）吸附结构表面的 Fe 和 C 原子周围聚集着更多的电子，表明了其拥有更强的 Fe—C 共价键。此外，Fe@ Nb（$C_{0.5}N_{0.5}$）的第一层 Nb 和第二层 N 周围的电子密度也比前者中的 Ti 和 N 周围电子密度要大，且第一层和第二层之间的贫电荷区也要更小。

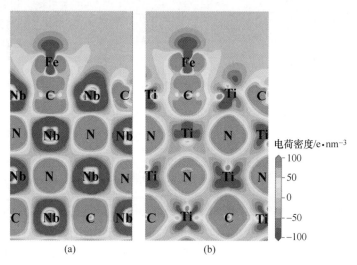

图 3.17　沿（110）平面的差分电荷密度

（a）Fe@ Nb（$C_{0.25}N_{0.75}$）；（b）Fe@ TiC（$C_{0.25}N_{0.75}$）

　　由图 3.17 可知，两者的电荷转移情况也有一些不同，Fe@ Nb（$C_{0.5}N_{0.5}$）中 Fe 原子以及表面 Nb 原子的大部分电荷转移给了表面 C 原子，即显现出一定的离子性特征，表明了在 Fe 原子与 C 原子之间存在离子键和共价键，且其电荷转移数要比 Fe@ TiC（$C_{0.5}N_{0.5}$）中相应原子的转移数要多，所以 Fe@ Nb（$C_{0.5}N_{0.5}$）中的 Fe 和表面原子之间的交互作用更强。另外，与 Fe@ TiC（$C_{0.5}N_{0.5}$）相比，Fe@ Nb（$C_{0.5}N_{0.5}$）体系中第二层到第四层 Nb 的大部分电荷也转移到周围的 C 或者 N 原子，且其电荷转移数也更多，因而具有更好的吸附稳定性。

　　表 3.4 所列为 TiC（$C_{0.5}N_{0.5}$）和 Nb（$C_{0.5}N_{0.5}$）吸附的 Fe 原子以及表面 C、Ti 和 Nb 原子的电荷分布情况。可见，当 Fe 吸附于 TiC、TiC（$C_{0.5}N_{0.5}$）、NbC 和 Nb（$C_{0.5}N_{0.5}$）表面时，Fe 原子失去的电荷数有所不同，它们分别为 0.02e、0.04e、0.06e 和 0.09e；且 C 原子得到电荷也有所差别，分别为 0.67e、0.71e、0.67e 和 0.75e。由此可以推断各吸附体系中 Fe—C 强弱顺序为 Nb（$C_{0.5}N_{0.5}$）>

Ti(C$_{0.5}$N$_{0.5}$) > NbC > TiC。另外，Ti(C$_{0.5}$N$_{0.5}$) 表面的 Ti 原失去的电荷数 (0.70e) 比 TiC 表面的 Ti 原子失去的电荷数 (0.66e) 要多，所以前者拥有很强的 Fe—Ti 金属键。

表 3.4　Fe 原子和不同碳氮化物的表面原子的布局电荷分析

吸附剂	原子	s	p	d	总电荷/e	电荷转移量/e
TiC	Fe	0.63	0.48	6.87	7.98	0.02
	C	1.51	3.16	0.00	4.67	−0.67
	Ti	2.26	6.48	2.61	11.34	0.66
Ti(C$_{0.5}$N$_{0.5}$)	Fe	0.64	0.47	6.87	7.96	0.04
	C	1.48	3.23	0.00	4.71	−0.71
	Ti	2.13	6.57	2.59	11.30	0.70
NbC	Fe	0.56	0.48	6.89	7.94	0.06
	C	1.47	3.19	0.00	4.67	−0.67
	Nb	2.37	6.27	3.80	12.44	0.56
Nb(C$_{0.5}$N$_{0.5}$)	Fe	0.54	0.48	6.89	7.91	0.09
	C	1.52	3.23	0.00	4.75	−0.75
	Nb	2.39	6.23	3.76	12.40	0.60

图 3.18 所示为最稳定吸附结构 Fe@Nb(C$_{0.5}$N$_{0.5}$) 的表面原子的 PDOS 以及总态密度。可以看出，Fe 原子吸附于 Nb(C$_{0.5}$N$_{0.5}$) 表面前（见图 3.18（a）），在费米能级处，表面的电子态主要由 C 2p 和 Nb 4d 轨道贡献，且该表面呈现一定的金属性。同时，C 原子的 2s 和 2p 轨道分别在 −11eV 和 −2.75eV 附近出现明显的电子峰，且它们均和 Nb-4d 轨道产生明显的"共振"作用。当 Fe 原子吸附 Nb(C$_{0.5}$N$_{0.5}$) 表面后（见图 3.18（b）），Fe 的吸附主要是由于在 −6.0~5.0eV 范围内 Fe 3d 和 C 2p 轨道之间的杂化。此外，C 原子的 s、p 轨道电子态向低能级移动，其 PDOS 的高度均要高于 Fe 吸附前。然而，Nb 原子在 −3.75eV 附近的分态密度值比吸附前也有所下降，这也证明了表面 Nb 将一部分电子转移给了表面的 C；另外，Nb 原子在 −12eV 和 −5eV 附近出现了两个新的电子峰，加强了 Nb 和 C 的杂化。同时，Fe 3d 和 Nb 4d 轨道在 −2.5~2.5eV 范围内产生杂化作用，因而导致 Fe-Nb 金属键的形成。

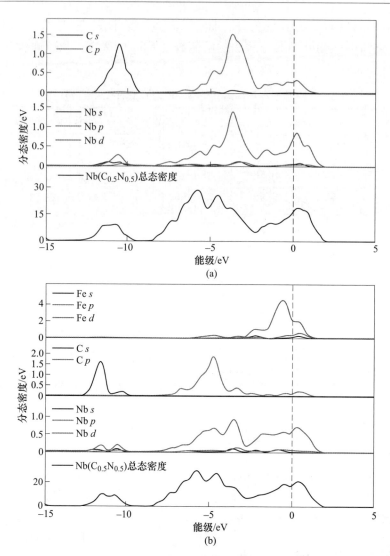

图 3.18　Fe 原子吸附于 Nb($C_{0.5}N_{0.5}$)(001) 表面前后的 PDOS

（虚线代表费米能级）

（a）吸附前；（b）吸附后

3.4.4　Fe 吸附于 3d 过渡金属合金化的 A($C_{0.5}N_{0.5}$) 表面

如上所述，在 Fe@ Nb($C_{1-x}N_x$) 和 Fe@ Ti($C_{1-x}N_x$) 吸附体系中，Nb($C_{0.5}N_{0.5}$) 和 Ti($C_{0.5}N_{0.5}$) 分别具有最大的 Fe 吸附能力。因此，本节探究 A($C_{0.5}N_{0.5}$)(001) 表面的 3d 过渡金属对 Fe 吸附的影响。

图 3.19 所示为 Fe 在 Nb($C_{0.5}N_{0.5}$)(001) 和 Ti($C_{0.5}N_{0.5}$)(001) 表面覆盖

3d-TM（TM = Ti、V、Cr、Mn、Co 和 Ni）时的吸附能。由图可知，偏聚于 A(C$_{0.5}$N$_{0.5}$)(001)表面的过渡金属均可不同程度地增强其对 Fe 的吸附，其中 Ti、V 的影响较小，而 Mn、Co 和 Ni 的影响较大。通过对比可以发现，偏聚于 Nb(C$_{0.5}$N$_{0.5}$)(001)表面的 Mn 比其他 3d 金属的 W_{ads} 均要大，然而偏聚于 Ti(C$_{0.5}$N$_{0.5}$)(001)表面的 Co 比其他 3d 金属的大，因此 Nb(C$_{0.5}$N$_{0.5}$) 表面的 Mn 和 Ti(C$_{0.5}$N$_{0.5}$) 表面的 Co 能显著促进 Fe 的形核，且前者的形核潜力要优于后者。

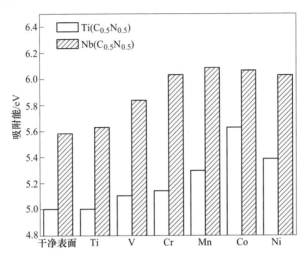

图 3.19 Fe 在 3d 过渡金属覆盖 Nb(C$_{0.5}$N$_{0.5}$) 和 Ti(C$_{0.5}$N$_{0.5}$) 的(001)面上的吸附能

图 3.20 所示为 Mn 合金化 Nb(C$_{0.5}$N$_{0.5}$)(001)前后表面原子的分波态密度。Mn 元素加入前，如图 3.20（a）所示，表面的 Fe 和 C 原子的强烈相互作用主要是由 Fe d 轨道和 C p 轨道之间的杂化所导致的；同时，Fe d 和 C s 轨道均在 −12eV 附近均出现电子峰，这两个对应的峰值表明了 Fe d 和 C s 轨道产生较弱的电荷作用；此外，Fe d 和 Nb d 轨道在 −7.5～2.5eV 范围内也产生一定的交互作用，从而导致 Fe—Nb 金属键的形成。因而 Fe 稳定吸附于 Nb(C$_{0.5}$N$_{0.5}$)（001）主要是其表面的 Fe—C 共价键和 Fe—Nb 金属键共同作用的结果。Mn 元素加入后（见图 3.20（b）），表面的原子作用发生一定的变化。Fe 原子的 d 轨道电子态的高度有所下降，而 C 原子的 p 轨道电子态却有所上升，说明 Fe 原子转移更多的电子到 C 原子，从而提高了 Fe—C 共价键的强度。另外，Mn 原子 PDOS 值在 −2.5～2.5eV 范围内较 Nb 原子的要大，这表明 Fe 和 Mn 原子的成键强度要强于 Fe 和 Nb 原子之间的成键强度。因此 Nb(C$_{0.5}$N$_{0.5}$)（001）表面的 Mn 能够改善 Fe 的吸附主要是 Fe—C、Fe—Nb 和 Fe—Mn 键的共同作用结果。

图 3.21 所示为 Co 加入 Ti（C$_{0.5}$N$_{0.5}$)(001)前后表面原子的分态密度。对于 Fe@Ti(C$_{0.5}$N$_{0.5}$) 系统（见图 3.21（a）），Fe 3d 和 C 2p 在 −7.5～2.3eV 范围内

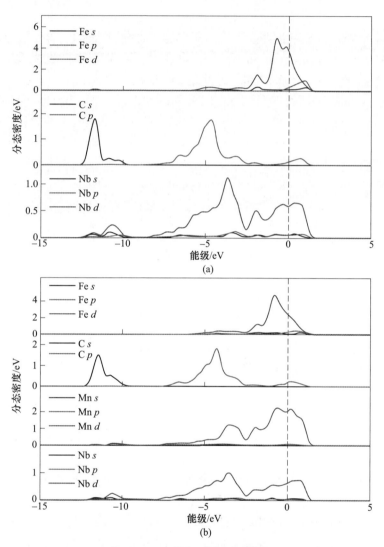

图 3.20　不同表面原子的分态密度

（竖直的虚线表示费米能级）

（a）Nb(C$_{0.5}$N$_{0.5}$)(001)表面；（b）Mn 合金化的 Nb(C$_{0.5}$N$_{0.5}$)(001)表面

产生一定的轨道杂化，从而形成了 Fe—C 共价键。另外，Fe 3d 和 Nb 4d 轨道也在-5~2.3eV 产生明显的交互作用，从而形成了 Fe-Nb 金属键。当 Co 引入 Fe@Ti(C$_{0.5}$N$_{0.5}$) 吸附系统后（见图 3.21（b）），Fe 原子的 PDOS 高度下降且 C 原子的非局域化增强，同时 C 原子在-3eV 附近出现了一个新的电子峰，从而加强了 Fe 和 C 原子的相互作用。另外，Fe 3d、Co 3d 和 Nb 4d 轨道均在-7.5~2.5eV 范围内产生杂化，最终使表面的 Fe、C、Co 以及 Nb 原子的电荷作用得以增强，这也解释了 Co 能促进 Fe 在 Ti($C_{0.5}N_{0.5}$) 表面形核的原因。

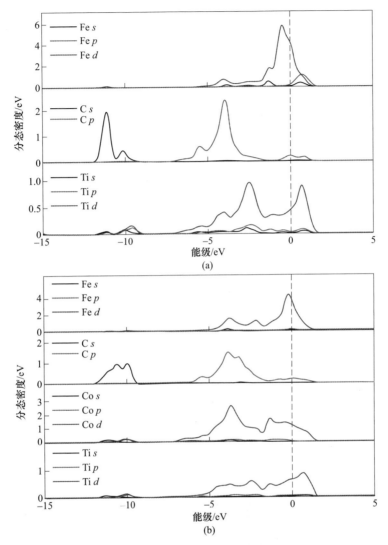

图 3.21 不同表面原子的分态密度

（竖直的虚线表示费米能级）

（a）Ti($C_{0.5}N_{0.5}$)(001)表面；（b）Co 合金化的 Nb($C_{0.5}N_{0.5}$)(001)表面

3.5 本章小结

本章采用基于密度泛函理论的第一性原理计算研究了 Fe 原子在($A_{1-x}m_x$)C（A = Nb、Ti；m = Mo、V）复合碳化物以及 A($C_{1-x}N_x$)（A = Nb、Ti）复合碳氮化物的（001）表面的吸附行为，以揭示铁在其表面的形核初期本质。同时分析

了 $3d$ 过渡金属在上述碳氮化物表面的偏聚对 Fe 的形核影响，得出的主要结论如下：

（1）计算出来的 TiC 和 NbC 体相性质、表面性质均和实验值以及他人计算结果比较吻合。吸附能的计算结果表明，钢中 TiC（或 NbC）晶格中的 Ti（或 Nb）被 Mo、V 取代后形成的复合碳化物均有利于 Fe 的形核。

（2）对于（$A_{1-x}m_x$）C 复合碳化物，（$Ti_{1-x}Mo_x$）C 和（$Ti_{1-x}V_x$）C 的形核潜力优于（$Ti_{1-x}Nb_x$）C，且 Fe 在（$Nb_{0.5}Mo_{0.5}$）C（001）表面具有最大的吸附能和最短的 Fe—C 键长，即碳化物在 Fe 形核的初始阶段具有很强的形核潜力。

（3）Fe 原子在 $3d$-TM 合金化（$A_{0.5}Mo_{0.5}$）C（001）表面的吸附分析表明，$3d$-TM 加入后吸附体系的 W_{ads} 均高于未加入的吸附体系；此外，Fe 在 Cr 和 Mn 加入（$A_{0.5}Mo_{0.5}$）C 表面的 W_{ads} 比其他 $3d$ 过渡金属加入的系统要大，表明其表面的 Cr 和 Mn 能加强 Fe 和表面原子的成键强度，促进 Fe 的吸附。

（4）Fe 在 Cr 和 Mn 合金化的（$A_{0.5}Mo_{0.5}$）C 表面具有较大的吸附能，其主要原因是表面 Fe—Mo、Fe—TM 和 Fe—C 键的形成而导致 Fe 配位数的增加，以及 Fe、Cr 和 Mn 原子在-2.5~2.5eV 范围内的轨道杂化作用。

（5）对于 $A(C_{1-x}N_x)$ 复合碳氮化物，当 N 原子取代 TiC 晶格中的 C 时，具有 CNNC 结构的 Ti（$C_{0.5}N_{0.5}$）具有最大的 Fe 吸附能力；当 N 原子取代 NbC 晶格中的 C 时，CNNC 结构的 Nb（$C_{0.5}N_{0.5}$）具有最大的 Fe 吸附能力。Nb（$C_{0.5}N_{0.5}$）表面的 Mn 和 Ti（$C_{0.5}N_{0.5}$）表面的 Co 能显著促进 Fe 的形核，且前者的形核潜力要优于后者。

4 NbC 在 TiN 和 TiC 析出物上异质形核析出的理论研究

4.1 概述

HSLA 钢常利用各微合金元素的协同作用以获取优异的强韧性，其中含有少量 Nb 和 Ti 的钢将会析出大量、细小、弥散的碳氮化物，如 NbC、TiC、TiN 和 (Ti,Nb)(C,N) 等。前人实验结果表明，(Ti,Nb)(C,N) 复合析出相的核心以 TiN 为主，而以核心外延生长出来的异质相是以 NbC 为主[30]；也有人观察到了 (Nb,Ti)C 析出物分布在未溶解的 (Ti,Nb)(C,N) 碳氮化物界面[154]，或者 NbC 可在先析出的 TiN 颗粒表面形核，并形成平均直径为 (45±9.6) nm 大小的复合析出相[40]。

然而，国内外学者对钢中 (Ti,Nb)(C,N) 析出相的作用却持有不同的观点。Wang 和 Li 等人[37,38]认为当钢中碳氮化物以 (Ti,Nb)(C,N) 形式析出时，这种析出方式会在高温下消耗 Nb，减少了在低温下可用于晶粒细化或者析出强化的 Nb 含量，因而降低了钢的强韧性。Chen 和 Ma 等人[39,40]却认为向 Nb 钢添加 Ti 后析出的 (Nb,Ti)C 或 (Ti,Nb)(C,N) 复合碳化物，不仅能够细化晶粒，而且能够改善钢的屈服强度和韧性。因此，钢中 Ti、Nb 与间隙原子 C、N 的相互作用比较复杂，(Nb,Ti)C 和 (Ti,Nb)(C,N) 析出相的结构和析出机理的研究对复合微合金化钢的设计具有重要作用。然而，当前的实验方法很难得到 NbC 在 TiN 和 TiC 析出相异质形核为 (Nb,Ti)C 和 (Ti,Nb)(C,N) 的微观信息，而第一性原理方法可以用来解决这个难题。

根据 Bramfitt 提出的错配度形核理论[77]，NbC/TiN 和 NbC/TiC 界面在 (100)、(110)、(111) 三个惯习面上的错配度均小于 6.0%，所以钢中 NbC 在先析出的 TiN 或 TiC 颗粒上可进行非常有效的异质形核。因此，本章首先通过 DFT 计算分析 NbC/TiN 界面和 NbC/TiC 界面在上述 3 个惯习面的稳定性、原子结构和电子性质，并采用等温析出实验方法找出铌钛微合金钢中的异质形核析出相，分析该复合析出相的形核特征，揭示 NbC 在 TiN 和 TiC 析出相上的异质形核机理。

4.2　NbC 在 TiN 颗粒上异质形核的理论研究

4.2.1　建模与计算方法

本章均采用基于密度泛函理论结合平面波赝势方法的 CASTEP 软件进行计算，且 NbC 和 TiN 采用实验测定的晶格参数作为初始值。首先利用 Materials Studio 软件中的 Visualizer 平台从 NbC 和 TiN 体相结构分别切取不同终端的（100）、（110）和（111）面，然后利用这些表面建立不同终端的界面模型，且在表面和界面模型的垂直方向添加厚度为 1.5nm 的真空层，以消除上下表面之间的相互作用。进而对这些模型进行结构弛豫和性质计算。

计算过程中采用自洽场（SCF）方法来求解 Kohn-Sham 方程，采用超软赝势描述原子核和电子的相互作用，且各原子的价电子分别是 Nb $4d^3 5s^2$，Ti $3d^2 4s^2$，C $2s^2 2p^2$ 和 N $2s^2 2p^3$。另外，电子的交换-相关作用采用 LDA-CAPZ 和 GGA-PBE 泛函来进行描述。本章所有计算在倒易空间上进行，第一布里渊区积分采用 Monkhorst-Pack 方案形成的特殊 k 点方法。对于体相的 NbC 和 TiN，k 点的网格划分均为 8×8×8，对于所有的表面和界面模型，k 点的网格划分为 10×10×1。经过一系列收敛性测试后将平面波截断能量定为 400eV，收敛条件是自洽计算的最后两个循环能量之差（以每个原子计）小于 $1×10^{-5}$eV，作用在每个原子上的力不大于 0.3eV/nm，内应力不大于 0.03GPa。

4.2.1.1　体相性质计算

为了保证计算方法的准确性，采用 LDA-CAPZ 和 GGA-PBE 两种泛函来计算 NbC 和 TiN 的体相性质，包括晶格常数、体积、体模量和形成能。其中形成能可通过式（4.1）计算：

$$\Delta_r H(YX) = \frac{E_{tot}(YX) - xE_{bulk}(Y) - yE_{bulk}(X)}{x + y} \tag{4.1}$$

式中，$\Delta_r H(YX)$ 和 $E_{tot}(YX)$ 分别表示 NbC 或 TiN 的形成能和总能量；$E_{bulk}(Y)$ 为体相态中单个 Ti 或 Nb 原子的能量；$E_{bulk}(X)$ 表示单个 C 原子或者 N 原子的能量；x 和 y 表示 NbC 或 TiN 单胞中的总原子数。

表 4.1 所列为计算出来的 NbC 和 TiN 晶格常数、体积、体模量和形成能，且部分实验值也列于表中。可以看出，GGA-PBE 泛函计算出来的晶格常数分别为 0.4480nm（NbC）和 0.4246nm（TiN），平均比相应的实验值大约 0.23%。然而，LDA-CAPZ 泛函计算出来的结果误差达 1.22%。另外，基于 GGA 泛函方法计算 NbC 得出的体模量（B）和形成能（$\Delta_r H$，以原子计）分别为 301GPa 和 -0.55eV，和实验值相比其误差分别为 -1.95% 和 -1.78%，而 LDA 泛函得出的结果误差分别为 7.82% 和 10.71%。同样地，对于 TiN，GGA 泛函计算出来的体相性质比 LDA 更接近实验值。因此，本章将采用 GGA-PBE 泛函来进行计算。

表 4.1　计算的 NbC 和 TiN 晶格常数 a、体积 V_0、体模量 B、

形成能 $\Delta_r H$ 和实验值的比较

体相	方　法	a/nm	V_0/nm^3	B/GPa	$\Delta_r H$（以原子计）/eV
NbC	GGA$_{this\ work}$	0.4480	89.93×10^{-3}	301	−0.55
	LDA$_{this\ work}$	0.4428	86.85×10^{-3}	331	−0.62
	GGA [155]	0.4528	—	301	−0.58
	GGA-PBE [145]	0.4493	—	307	−0.56 [156]
	Expt. [157]	0.4466	89.09×10^{-3}	311 [147]	—
TiN	GGA$_{this\ work}$	0.4246	76.56×10^{-3}	277	−3.93
	LDA$_{this\ work}$	0.4173	72.65×10^{-3}	321	−4.87
	GGA-FLAPW [158]	0.4260	—	286	−3.56
	GGA-PBE [159]	0.425	—	266	−3.94
	Expt. [160]	0.424	75.96×10^{-3}	—	−3.50 [161]

4.2.1.2　表面原子层数和表面能

在研究 NbC/TiN 界面性质之前，需要先确定 NbC 和 TiN 表面模型的合适原子层数，以保证表面深处的原子呈现体相原子特征。但是表面模型的原子层数越厚，则将迅速增加硬件资源和计算时间的消耗。因此，需要对 NbC 和 TiN 的表面原子层数进行收敛性测试。

对于非极性表面，可通过分析其表面能随原子层数的变化趋势来判断。此外，表面模型的两端自由面原子需保持一致以弱化偶极效应。对于 NbC 和 TiN 的（100）和（110）面，如图 4.1 所示，它们的表面能可以通过式（4.2）得出：

$$\gamma_s \approx \frac{E_{slab}(n) - n\,E_{bulk}}{2A} \tag{4.2}$$

式中，$E_{slab}(n)$ 表示表面结构的总能量；n 表示该超晶胞中的原子（或分子式）数目；E_{bulk} 表示体相材料中每个原子（或分子式）的总能量；A 为相应的表面面积。

表 4.2 所列为本节计算出来的 NbC（100）、NbC（110）、TiN（100）和 TiN（110）表面能随原子层数的变化趋势。可以看出，随着板块厚度的增加其表面能将逐渐呈收敛趋势，当原子层数 $n \geqslant 9$ 时表面能趋于定值。此时，NbC（100）和 NbC（110）的表面能分别为 1.48J/m^2 和 2.97J/m^2，而 TiN（100）和 TiN（110）的表面能分别为 1.28J/m^2 和 2.88J/m^2。很明显，NbC（100）和 NbC（110）的表面能分别大于 TiN（100）和 TiN（110）的值，所以 TiN 的（100）和（110）具有更好的稳定性。此外，NbC 和 TiN 的（100）面的稳定性也要优于各自的（110）面。

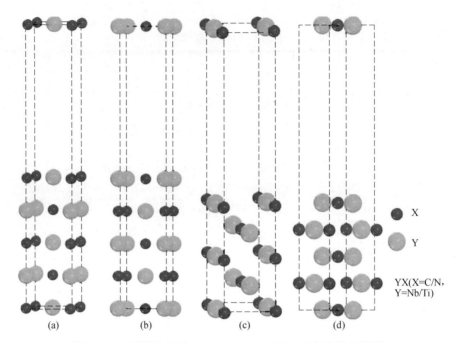

图 4.1   五层原子 YX(X＝C/N，Y＝Nb/Ti) 表面结构的示意图

(a) X 终端的(100)面；(b) Y 终端的(100)面；(c) X 终端的(110)面；(d) Y 终端的(110)面

表 4.2   NbC(100)、NbC(110)、TiN(100) 和 TiN(110)

的表面能(γ_s)随原子层数的收敛趋势   (J/m²)

层数	NbC(100)	NbC(110)	TiN(100)	TiN(110)
3	1.60	3.13	1.24	2.85
5	1.55	3.06	1.26	2.92
7	1.56	2.98	1.30	2.85
9	1.48	2.97	1.28	2.88
11	1.48	2.97	1.28	2.89
13	1.47	2.97	1.28	2.88

对于具有极性特征的 NbC(111) 和 TiN(111)，它们的每个表面具有两种不同的终端，即铌或碳终端（Nb-或 C-terminated）的 NbC(111) 表面和钛或氮终端（Ti-或 N-terminated）的 TiN(111) 表面。因此，NbC(111) 和 TiN(111) 的表面能与其体相中各原子的化学势有关。前人计算结果表明[145,159]，当 NbC(111) 和 TiN(111) 表面结构的原子层数达到 13 时，其表面深处的原子呈现体相特征，因此，本节采用 13 原子层厚度的 NbC(111) 和 TiN(111) 来探究其表面性质。极性表面的表面能（σ）可通过下列关系式求出[162]：

$$\sigma = \frac{1}{2A}(E_{\text{slab}} - N_{\text{Nb}}\mu_{\text{Nb}}^{\text{slab}} - N_{\text{C}}\mu_{\text{C}}^{\text{slab}} + PV - TS) \tag{4.3}$$

式中，E_{slab} 为表面结构完全弛豫后的总能量；A 为表面模型的表面积；N_{Nb} 和 N_{C} 分别为表面结构中 Nb 和 C 原子数；$\mu_{\text{Nb}}^{\text{slab}}$ 和 $\mu_{\text{C}}^{\text{slab}}$ 分别为 Nb 和 C 原子的化学势；PV 和 TS 在 0K 和常压下可以忽略不计。

当表面结构充分弛豫后，NbC(111) 表面和体相 NbC 将会达到平衡。此时，NbC(111) 的化学势等于体相各原子的化学势之和，即：

$$\mu_{\text{NbC}}^{\text{bulk}} = \mu_{\text{Nb}}^{\text{slab}} + \mu_{\text{C}}^{\text{slab}} \tag{4.4}$$

$$\mu_{\text{NbC}}^{\text{bulk}} = \mu_{\text{Nb}}^{\text{bulk}} + \mu_{\text{C}}^{\text{bulk}} + \Delta H_{\text{NbC}} \tag{4.5}$$

式中，$\mu_{\text{NbC}}^{\text{bulk}}$ 为体相 NbC 的总能量，$\mu_{\text{Nb}}^{\text{slab}}$ 和 $\mu_{\text{C}}^{\text{slab}}$ 分别为体相金属铌和石墨中单个碳原子的能量；ΔH_{NbC} 为体相 NbC 的形成热（本章计算出来的值（以原子计）为 -1.23eV）。

将方程式（4.4）和式（4.5）代入式（4.3）得：

$$\sigma = \frac{1}{2A}\Big[E_{\text{slab}} - N_{\text{C}}\mu_{\text{NbC}}^{\text{slab}} + (N_{\text{C}} - N_{\text{Nb}})(\mu_{\text{Nb}}^{\text{slab}} - \mu_{\text{Nb}}^{\text{bulk}}) + (N_{\text{C}} - N_{\text{Nb}})\mu_{\text{Nb}}^{\text{bulk}} \Big]$$

$$\tag{4.6}$$

通常地，每个元素的化学势要低于其在体相内的化学势，因此可以得出以下关系式：

$$\Delta\mu_{\text{Nb}} = \mu_{\text{Nb}}^{\text{slab}} - \mu_{\text{Nb}}^{\text{bulk}} \leqslant 0 \tag{4.7}$$

$$\Delta\mu_{\text{C}} = \mu_{\text{C}}^{\text{slab}} - \mu_{\text{C}}^{\text{bulk}} \leqslant 0 \tag{4.8}$$

结合式（4.4）、式（4.5）、式（4.7）和式（4.8）就可以得出 Nb 的化学势（$\Delta\mu_{\text{Nb}}$）：

$$\Delta H_{\text{NbC}} \leqslant \mu_{\text{Nb}}^{\text{slab}} - \mu_{\text{Nb}}^{\text{bulk}} \leqslant 0 \tag{4.9}$$

图 4.2 所示为 YX(111)(X=C/N，Y=Nb/Ti) 的表面能与 Y 化学势的关系。对于 NbC(111)，Nb 终端和 C 终端的表面能分别为 1.75～2.88J/m² 和 5.70～6.83J/m²，如图 4.2（a）所示，说明了 Nb 终端的表面结构比 C 终端的表面结构要稳定。对于 TiN(111)，Ti 终端和 N 终端的表面能分别为 1.86～5.89J/m² 和 2.45～6.49J/m²，如图 4.2（b）所示。当 $-3.93\text{eV} \leqslant \Delta\mu_{\text{Ti}} \leqslant -1.60\text{eV}$ 时，Ti 终端的 TiN(111) 具有更低的表面能，因而具有更高的稳定性；随着钛化学势的增大，Ti 终端的表面能逐渐增大而 N 终端的表面能逐渐减小，当 $-1.60\text{eV} \leqslant \Delta\mu_{\text{Ti}} \leqslant 0$ 时，N 终端比 Ti 终端表面结构的表面能更小，即在富 Ti 化学势中 N 终端的 TiN(111) 具有更为优越的稳定性。

4.2.1.3 NbC/TiN 界面结构模型

考虑到 NbC 或 TiN 的（100）和（110）面均具有两种不同的终端，研究了共 4 种的 NbC(100)/TiN(100) 界面和 NbC(110)/TiN(110) 界面。如图 4.3 所

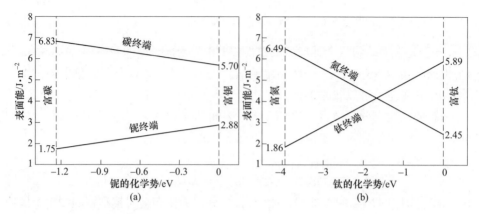

图 4.2   NbC(111)和 TiN(111)的表面能与 Nb 和 Ti 化学势的关系
(a) NbC(111); (b) TiN(111)

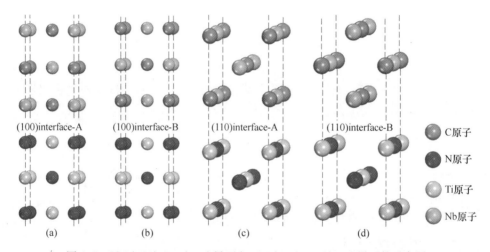

图 4.3   NbC(100)/TiN(100)界面和 NbC(110)/TiN(110)界面的示意图
(a) (100) interface-A; (b) (100) interface-B; (c) (110) interface-A; (d) (110) interface-B

示, 将 9 层 NbC(100)(或 NbC(110)) 叠摞在 9 层 TiN(100)(或 TiN(110)) 基底
上。其中 (100) interface-A 或 (110) interface-A 定义为界面的 Nb 原子位于界
面另一侧 N 原子的顶位, (100) interface-B 定义为界面的 C 原子位于界面另一侧
N 原子的顶位, (110) interface-B 定义为界面的 C 原子位于另一侧界面中心的顶
位。由于 NbC(111) 和 TiN(111) 表面结构分别具有 6 种不同的终端, 且每一种
NbC(111) 和 TiN(111) 表面有 3 种不同的堆摞顺序, 如图 4.4 所示, 共建立了
36 种不同结构的 NbC(111)/TiN(111) 界面, 考虑到几何对称性和晶体结构的周
期性, 最终筛选出 12 种独立结构的 NbC(111)/TiN(111) 界面。此外, 在上述
所有界面的上下自由面添加 1.5nm 的真空层以消除它们之间的相互作用。

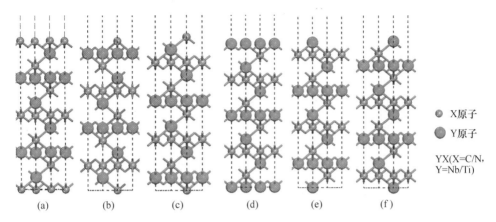

图 4.4 具有六种不同终端结构的 YX(X = C/N，Y = Nb/Ti)的板块模型

(a) X_1；(b) X_2；(c) X_3；(d) Y_1；(e) Y_2；(f) Y_3

根据 Bramfitt 错配度理论[77]，在异质形核过程中，错配度 $\delta < 6\%$ 的形核最有效，$\delta = 6\% \sim 12\%$ 的形核中等有效，$\delta \geqslant 12\%$ 的形核无效。本章计算得出 NbC(100)/TiN(100)、NbC(110)/TiN(110) 和 NbC(111)/TiN(111) 三种界面的错配度 δ 均为 5.10%，因此钢中先析出的 TiN 可以成为 NbC 最有效的形核核心。

4.2.2 界面稳定性

界面的稳定性和结合强度可以通过该界面的黏附功大小来判断，黏附功 (W_{ad}) 可定义为将两凝聚相组成的界面分离成两个自由表面时，所需要的单位面积上的可逆功，NbC/TiN 界面的 W_{ad} 可通过下列关系式（4.10）求出：

$$W_{ad} = \frac{E_{NbC}^{slab} + E_{TiN}^{slab} - E_{NbC/TiN}^{total}}{A} \qquad (4.10)$$

式中，$E_{NbC/TiN}^{total}$ 和 A 分别为 NbC/TiN 界面的总能量和界面面积；E_{NbC}^{slab} 和 E_{TiN}^{slab} 分别为具有界面相同原子层数厚度弛豫的、游离的 NbC 和 TiN 表面模型的总能量。

必须指出的是，一个界面具有正（负）的黏附功表示该界面为稳定（亚稳定）界面。

表 4.3 所列为计算出来的 NbC(100)/TiN(100) 和 NbC(110)/TiN(110) 界面的黏附功，图 4.5 所示为上述 4 种界面模型充分弛豫后的原子构型。可见，界面原子堆垛顺序对界面的黏附功和平衡界面间距具有较大影响，(110) interface-A 具有最大的 W_{ad} 和最小的 d_0，这是由于界面处 Nb(C) 和 N(Ti) 原子之间强烈的交互作用。(100) 界面的黏附功分别为 0.48J/m² 和 -2.08J/m²，而 (110) 界面的黏附功分别为 2.81J/m² 和 -0.64J/m²，因此可以推断，无论是 (100) 界面

还是（110）界面，interface-A 的稳定性要优于 interface-B。特别地，（100）interface-B 和（110）interface-B 界面的黏附功均为负值，说明这两个界面不稳定，即 Nb-Ti 微合金钢中 NbC 难以这种界面堆垛生长方式析出。

表 4.3 NbC(100)/TiN(100) 和 NbC(110)/TiN(110)
界面的平衡界面间距(d_0)和黏附功(W_{ad})

模 型	d_0/nm	W_{ad}/J·m^{-2}
（100）interface-A	0.2214	0.48
（100）interface-B	0.3277	−2.08
（110）interface-A	0.2002	2.81
（110）interface-B	0.2549	−0.64

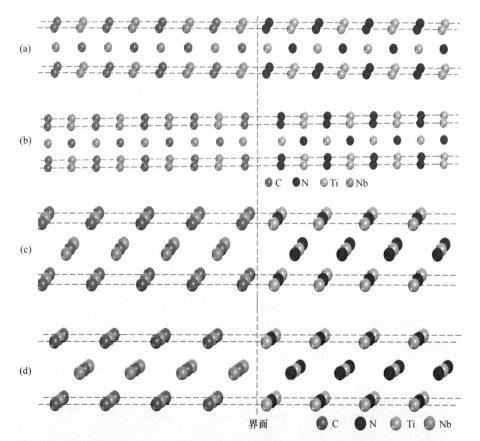

图 4.5 优化后 NbC(100)/TiN(100) 和 NbC(110)/TiN(110) 界面的原子结构
(a)（100）interface-A；(b)（100）interface-B；(c)（110）interface-A；(d)（110）interface-B

表 4.4 所列为本章计算的不同终端 NbC(111)/TiN(111) 界面的平衡界面间距和黏附功。可以看出，12 种不同终端 NbC(111)/TiN(111) 界面的黏附功为 $-2.39 \sim 7.81 \mathrm{J/m}^2$，其中 (111) interface-XI 和 (111) interface-XII 两个界面的 W_{ad} 值为负，表明该两种界面稳定性差。对比界面两端原子可知，具有 C—Ti 键的 NbC(111)/TiN(111) 界面最稳定，含 Nb—N 键、Nb—Ti 键和 C—N 键的界面稳定性依次减弱。特别地，(111) interface-III 界面具有最大的黏附功（$7.81 \mathrm{J/m}^2$）和最小的界面间距（0.1195nm），这是由于界面 NbC 侧的 C 原子位于界面三个 Ti 原子中心的正上方（如图 4.6 所示）。因此，每个界面 Ti 原子均与三个 C 原子产生交互作用。另外，(111) interface-III 界面的黏附强度大于上述的 (100) interface-A 和 (110) interface-A 界面。因此，(111) interface-III 界面为上述 16 种界面中最稳定的。

表 4.4　不同终端 NbC(111)/TiN(111) 界面的平衡界面间距(d_0)和黏附功(W_{ad})

界　面	模　型	d_0/nm	$W_{ad}/\mathrm{J} \cdot \mathrm{m}^{-2}$
C1-Ti1	(111) interface-I	0.1878	3.64
C2-Ti1	(111) interface-II	0.1381	5.89
C3-Ti1	(111) interface-III	0.1195	7.81
Nb1-N1	(111) interface-IV	0.1956	2.32
Nb2-N1	(111) interface-V	0.1417	3.80
Nb3-N1	(111) interface-VI	0.1352	3.98
Nb1-Ti1	(111) interface-VII	0.2599	1.25
Nb2-Ti1	(111) interface-VIII	0.2462	2.66
Nb3-Ti1	(111) interface-IX	0.2392	3.11
C1-N1	(111) interface-X	0.1293	2.57
C2-N1	(111) interface-XI	0.1881	-2.14
C3-N1	(111) interface-XII	0.2057	-2.39

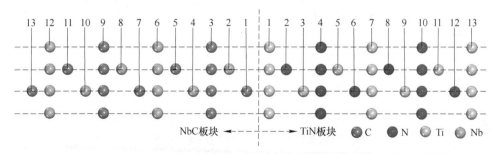

图 4.6　(111) interface-III 界面的原子结构示意图

4.2.3 电子结构

一个界面的稳定性取决于其电子结构和成键特征。因此，我们分别计算并分析了最稳定（100）、（110）和（111）界面的电荷密度分布，差分电荷密度、分态密度（partial density of states，PDOS）以及布局数。其中差分电荷密度可通过式（4.11）得出：

$$\Delta \rho = \rho_{\text{Total}} - \rho_{\text{NbC}}^{\text{slab}} - \rho_{\text{TiN}}^{\text{slab}} \tag{4.11}$$

式中，ρ_{Total} 为 NbC/TiN 界面的总电荷密度；$\rho_{\text{NbC}}^{\text{slab}}$ 和 $\rho_{\text{TiN}}^{\text{slab}}$ 分别为游离的 NbC 板块和 TiN 板块模型的电荷密度。

对于 NbC(100)/TiN(100) 和 NbC(110)/TiN(110) 界面，如图 4.3 所示，该超晶胞每层包括两种不同的原子，即一个 Nb（或 Ti）原子和一个 C（或 N）原子。图 4.7 和图 4.8 所示分别为（100）interface-A 和（110）interface-A 两个界面附

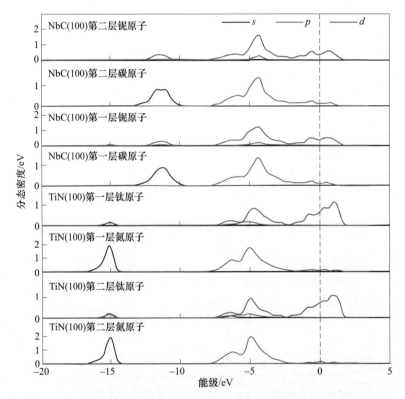

图 4.7　具有 A 结构的 NbC(100)/TiN(100)界面弛豫后的分态密度

（虚线表示费米能级）

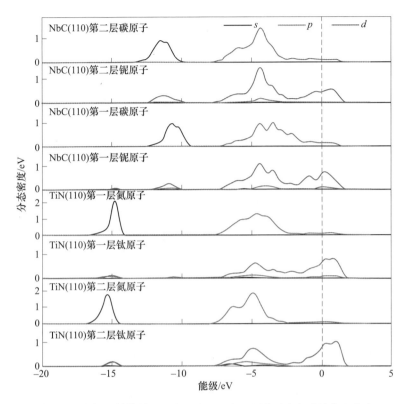

图 4.8 具有 A 结构的 NbC(110)/TiN(110)界面弛豫后的分态密度
(虚线表示费米能级)

近原子的 PDOS 图。由图可以看出，该两个界面的分态密度有一些共同特征。一方面，每一层原子在费米能级处具有明显的峰，说明了 NbC/TiN 界面呈现一定的金属性特征。另一方面，C p(Nb d)轨道和 Ti d(N p)轨道在-7.5~2.5eV 范围内产生明显的杂化，表明此两个界面处均形成了 Ti—C 和 Nb—N 共价键。然而，该两个界面的 PDOS 也有一些差异。对于（100)interface-A，由于第一层 Nb 原子比第二层 Nb 原子的 PDOS 值要小，因而界面处 Nb 原子的部分电子转移给了界面的 N 原子，如图 4.7 所示。另外，Nb d 和 N s 轨道在-15eV 处均有一定的峰值，说明了界面处的 Nb 和 N 原子在-15eV 也产生较弱的交互作用。对于（110）interface-A，和内层原子相比，界面上的 Nb 和 C 原子的电子向费米能级移动，导致了 Nb 在-14.7eV、-3.3eV、-0.6eV 和 C 在-3.3eV、-2.3eV 处均出现了新的电子态峰。结果这些峰附近的电子作用致使该界面形成了较强的 Nb—N 和 Ti—C 共价键。因此，（110）interface-A 界面比（100）interface-A 界面的黏附强度要大。

对于 NbC(111)/TiN(111) 界面，超晶胞结构中每层均由一个 Nb（或 Ti、C、N）原子构成，图 4.9 所示为具有最稳定的（111）interface-Ⅲ界面的 PDOS 图。可以看出，界面处 Ti d 和 C p 电子态在-7.5~2.5eV 范围内产生明显的轨道杂化，特别是在-3.75eV 处出现较强的共振峰，这意味着该界面处形成很强的共价键。另外，我们也可以观察到 Ti d 和 C p 在-12.5~-10eV 范围内具有较弱的交互作用。同时，NbC 侧的第二层 Nb 原子和界面处的 Ti 原子均在-11eV、-4.0eV 和+3eV 出现电子峰，由此可以推断 Nb 和 Ti 原子之间，尤其是 Nb d 和 Ti d 之间的轨道杂化导致 Nb—Ti 金属键的形成。总而言之，（111）interface-Ⅲ界面存在强的共价键和相对弱的金属键，因此界面具有最好的稳定性。

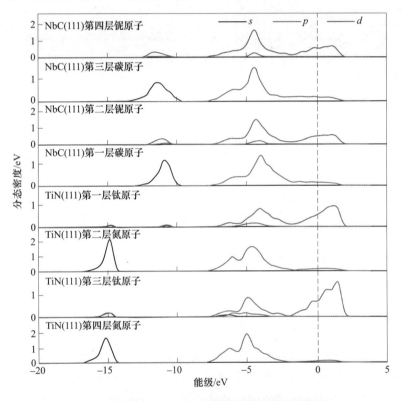

图 4.9　（111）interface-Ⅲ界面弛豫后的分态密度
（虚线表示费米能级）

为了更清楚地解析上述界面的稳定性，本节还分析了界面的电荷分布及其转移情况。图 4.10~图 4.12 分别为（100）interface-A、（110）interface-A 和（111）interface-Ⅲ的电荷密度分布和差分电荷密度分布图。由图可知，上述三个界面中可以看到界面上的金属原子-非金属原子存在明显的相互作用，但是每个界面的键合强度却有所不同。对于（100）interface-A 和（110）interface-A，界面上的 Ti(Nb) 和 C(N) 周围发现大量的电荷聚集现象，因而致使较强的共价键形成于该两个界面，如图 4.10（a）和图 4.11（a）所示。此外，还可以发现界面上

Ti(Nb) 原子的大部分电荷转移到界面另一侧的 C(N) 原子上，且该两个界面附近还存在明显的电荷贫乏区，如图 4.10（b）和图 4.11（b）所示。对于（111）interface-Ⅲ 界面，可以看到大量的电荷集聚在界面的 Ti 原子和 C 原子周围，因而形成了极强的共价键，如图 4.12（a）所示。另外，由于第一层的 Ti 原子和 NbC 侧的第二层 Nb 原子存在较弱的交互作用，从而形成了较弱的金属键。因此，可以推断此界面主要由极强的共价键和相对较弱的金属键组成，和上述的 PDOS 分

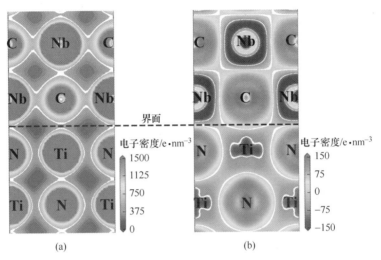

图 4.10　（100）interface-A 界面沿（110）平面电子密度

（a）电荷密度；（b）差分电荷密度

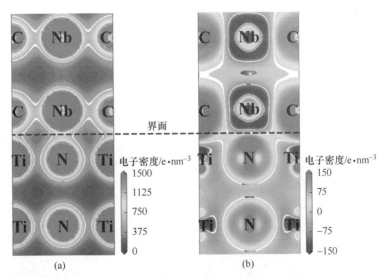

图 4.11　（110）interface-A 界面沿（110）平面电子密度

（a）电荷密度；（b）差分电荷密度

析结果一致。从图 4.12（b）还可以发现，由于界面原子的相互作用，界面 C 原子被拖到界面附近，且界面上 Ti 原子的部分电荷转移给了界面上的 C 原子，从而导致该界面具有较高的结合强度。这也进一步解释了为什么（111）interface-Ⅲ界面在上述所有界面中具有最大的黏附功和最好的稳定性。

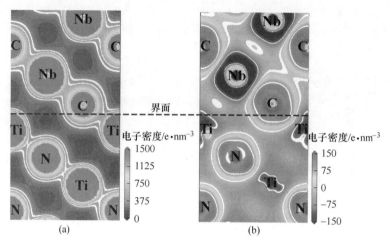

图 4.12　（111）interface-Ⅲ界面沿（110）平面电子密度
（a）电荷密度；（b）差分电荷密度

4.2.4　异质形核分析

　　界面能（γ_{int}）可以用来定性地评价一个界面的稳定性，界面能越小说明该界面越稳定。NbC/TiN 界面的 γ_{int} 可通过式得出[163]：

$$\gamma_{int} = \sigma_{NbC} + \sigma_{TiN} - W_{ad} \tag{4.12}$$

式中，σ_{NbC} 和 σ_{TiN} 分别为 NbC 和 TiN 板块模型的表面能；W_{ad} 为对应 NbC/TiN 界面的黏附功。

　　图 4.13 所示为计算出来的（100）interface-A，（110）interface-A 和（111）interface-Ⅲ的界面能和 Ti、C 化学势的关系。因 NbC(111) 和 TiN (111) 均为极性表面，所以（111）interface-Ⅲ的界面能与其相应组元的化学势有关。本章计算出来的 Ti 化学势（$\Delta\mu_{Ti} = \mu_{Ti}^{slab} - \mu_{Ti}^{bulk}$）和 C 化学势（$\Delta\mu_{C} = \mu_{C}^{slab} - \mu_{C}^{bulk}$）分别为 -3.93~0eV 和 -1.09~0eV，其中 $\Delta\mu_{Ti}$ 和文献[159]计算出来的结果（-3.94~0eV）比较吻合。由图 4.13 可以看出，（111）interface-Ⅲ的界面能随着钛化学势的增加而增加，然而（100）interface-A 和（110）interface-A 的界面能和 Ti、C 的化学势无关，且为定值，分别为 2.26J/m² 和 3.04J/m²。因此，（100）interface-A 的稳定性要优于（110）interface-A。在整个钛化学势和碳化学势范围内，上述三个界面的界面能大小关系为：（111）interface-Ⅲ<（100）interface-A<（110）interface-A，

且（111）interface-Ⅲ的界面能要明显小于其他两个界面，这也揭示了（111）interface-Ⅲ为最稳定的界面。因此可以推断，NbC 在 TiN 析出物表面形核优先以 $[1\bar{1}0](111)_{NbC}//[1\bar{1}0](111)_{TiN}$ 共格关系外延生长，其次以 $[001](100)_{NbC}//[001](100)_{TiN}$、$[\bar{1}11](110)_{NbC}//[\bar{1}11](110)_{TiC}$ 共格关系外延生长。

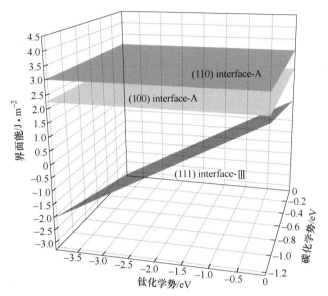

图 4.13　（100）interface-A、（110）interface-A 和（111）interface-Ⅲ的界面能和 Ti、C 化学势关系

4.3　NbC 在 TiC 颗粒上异质形核的理论研究

4.3.1　建模与计算方法

本节所有计算均采用 CASTEP 软件，且计算所采用的赝势、泛函、截断能以及其他参数均和 4.2.1 小节相同。

4.3.1.1　表面原子层数和表面能

根据 4.2.1.2 节的计算方法，分别计算了 TiC 的（100）和（110）的表面能随原子层数的变化，结果显示当原子层数 $n \geqslant 9$ 时其表面能均处于收敛状态，且 TiC（100）和 TiC（110）的表面能分别为 $1.76J/m^2$ 和 $3.51J/m^2$，可以看出 TiC（100）的稳定性优于 TiC（110）。对于 TiC（111），由于它具有两种不同原子终端的极性表面，即 C 终端或 Ti 终端的 TiC（111）表面，因而其表面能与 C、Ti 的化学势有关。为了消除偶极效应的影响，TiC（111）的上下表面原子类型需保持一致。根据 TiC（111）原子层的距离随原子层数的变化可判断其表面的收敛性，其计算结果见表 4.5，表中 Δ_{ij} 表示表面弛豫后原子层间变化率，可以看出，当原子层数 $n \geqslant 11$ 时 TiC(111) 表面趋于收敛，为了得到更高的计算精度，本节选用 13 层的 TiC(111) 进行后面的模型计算。

表 4.5　TiC(111)表面弛豫变化率与终端原子、原子层厚度之间的关系

表面	终端	夹层	弛豫变化率					
			$n=3$	$n=5$	$n=7$	$n=9$	$n=11$	$n=13$
TiC(111)	Ti	Δ_{12}	-8.80	-18.32	-19.04	-18.96	-18.72	-18.73
		Δ_{23}		5.28	10.72	11.76	11.92	11.77
		Δ_{34}			-4.48	-6.40	-6.56	-6.54
		Δ_{45}				0.56	1.84	1.96
		Δ_{56}					-2.08	-2.81
		Δ_{67}						-0.51
	C	Δ_{12}	-14.48	-12.48	-12.08	-11.36	-11.21	-11.23
		Δ_{23}		1.36	1.68	0.96	0.92	0.95
		Δ_{34}			-0.56	-0.16	0.48	0.46
		Δ_{45}				0.00	-0.40	-0.43
		Δ_{56}					0.32	0.37
		Δ_{67}						-0.26

图 4.14 所示为 TiC(111) 的表面能（γ_s）和钛化学势（$\Delta\mu_{Ti} = \mu_{Ti}^{slab} - \mu_{Ti}^{bulk}$）的关系。由图可知，C 终端的表面能随钛化学势的增加而减小，而 Ti 终端的表面

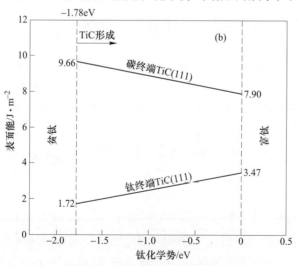

图 4.14　TiC(111)的表面能与 Ti 化学势的关系

能却增大；其中 C 终端和 Ti 终端的 TiC(111) 表面的 γ_s 分别为 7.90~9.66J/m^2 和 1.72~3.47J/m^2。可见，在 $-1.78 \leqslant \Delta\mu_{Ti} \leqslant 0$ 范围内，Ti 终端的 TiC(111) 表面更为稳定。

4.3.1.2　NbC/TiC 界面结构模型

建立界面时，9 个原子层厚度的表面板块模型被用来建立 NbC(100)/ TiC(100) 和 NbC(110)/TiC(110) 界面，如图 4.15 所示，即将 9 层 NbC (100)(或 NbC(110)) 叠摞在 9 层 TiC(100)(或 TiC(110)) 基底上，并在顶面和底面间插入 1.5nm 的真空层以消除两个自由表面间的相互作用。考虑到晶体结构的对称性，每种界面均有两种不同堆垛顺序的结构模型，分别被定义为 (100) interface-Ⅰ 、(100) interface-Ⅱ 、(110) interface-Ⅰ 和 (110) interface-Ⅱ 。

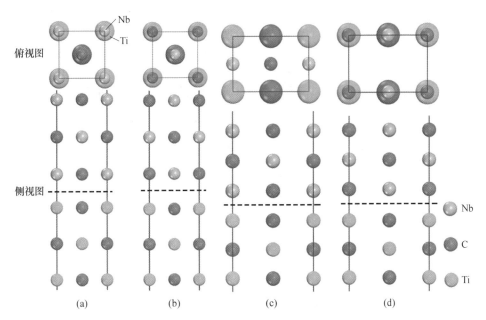

图 4.15　NbC(100)/TiC(100)界面和 NbC(110)/TiC(110)界面的示意图

（虚线代表界面）

(a) (100) interface-Ⅰ ; (b) (100) interface-Ⅱ ; (c) (110) interface-Ⅰ ; (d) (110) interface-Ⅱ

在建立 NbC(111)/TiC(111) 界面模型时，考虑不同终端原子和堆垛顺序两个方面因素，总共建立了 12 种独立的 NbC(111)/TiC(111) 界面。因 NbC 具有 Nb 或 C 终端的 NbC(111)，TiC 具有 Ti 或 C 终端的 TiC(111)，且两种终端原子的表面有三种堆垛顺序，即 OT、SL 和 TL。比如，Nb 终端的 NbC(111) 和 C 终端的 TiC(111) 组建的三种堆垛界面如图 4.16 所示。图中 OT 表示 NbC 侧界面的 Nb 位于 TiC 表面原子的顶位，图中 SL 表示 NbC 侧界面的 Nb 位于

TiC 表面第二层原子的顶位，图中 TL 表示 NbC 侧界面的 Nb 位于 TiC 表面第三层原子的顶位。在接下来的计算中，NbC(111)/TiC(111) 界面由 13 层的 NbC(111) 和 13 层的 TiC(111) 堆垛而成，且在上下两个自由面也插入 1.5nm 的真空层。

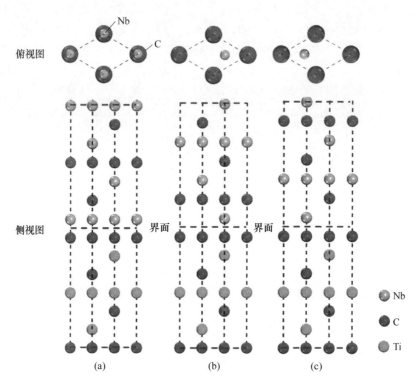

图 4.16　三种堆垛顺序的示意图

(本图仅显示 Nb 终端 NbC(111)和 C 终端 TiC(111)的界面，且界面的上下部分未呈现出来)

(a) OT；(b) SL；(c) TL

4.3.2　界面稳定性

表 4.6 所列为 NbC(100)/TiC(100) 和 NbC(110)/TiC(110) 界面的平衡界面间距 (d_0) 和黏附功 (W_{ad})。通过对比发现该 4 种界面的 W_{ad} 由大到小依次为 (110) interface-II > (100) interface-II > (110) interface-I > (100) interface-I，而 d_0 呈现相反的趋势。无论是 (100) 还是 (110) 界面，interface-II 的稳定性均比 interface-I 的稳定性好，因此，NbC 在 TiC 颗粒表面形核时优先以 "interface-II" 形式生长，而不会以 "interface-I" 的形式生长，因为 (100) interface-I 和 (110) interface-I 界面的黏附功均为负值，分别为 -0.96J/m^2 和 -0.17J/m^2，即它们均为亚稳态界面。

表 4.6 NbC(100)/TiC(100) 和 NbC(110)/TiC(110)
界面的平衡界面间距(d_0)和黏附功(W_{ad})

模 型	d_0/nm	W_{ad}/J·m^{-2}
(100) interface-I	0.4155	−0.96
(100) interface-II	0.2221	2.46
(110) interface-I	0.2626	−0.17
(110) interface-II	0.2085	4.47

表 4.7 所列为不同终端的 NbC(111) 和 TiC(111) 按不同堆垛顺序组成界面的黏附功。可以看出，Nb/C 终端界面的黏附功较大，C/Ti 终端界面的黏附功次之，而 Nb/Ti 终端和 C/C 终端界面的黏附功较小甚至出现负值。对于 Nb 终端结构的界面，Nb/C 终端的界面的 W_{ad} 大于 Nb/Ti 终端的界面，这是由于 NbC 侧的第一层 Nb 和 TiC 侧的第一层 Ti 结合时将会破坏面心立方（FCC）结构的连续性，进而对三种堆垛顺序界面成键强度均会弱化。其中，TL 堆垛顺序的界面具有最大的 W_{ad}，比 OT 和 SL 位结构的界面 W_{ad} 均要大，表明了 TL 位结构的界面具有最好的稳定性。通过对比发现，在 12 种 NbC(111) 和 TiC(111) 界面中，Nb/C 终端的 TL 堆垛顺序的界面（Nb/C-terminated and TL stacking sequence interface，NCTL）具有最大的 W_{ad}（10.15J/m^2）和最小的平衡界面间距 d_0（0.1290nm），且其 W_{ad} 远大于（110）interface-II 和（100）interface-II 界面，因此，NCTL 界面的稳定性最好。

表 4.7 NbC(111) 的 Ti 终端和 TiC(111) 的 C/Ti 终端界面、NbC(111) 的
C 终端和 TiC(111) 的 C/Ti 终端界面弛豫后的黏附功　　　（J/m^2）

终 端		堆 垛 顺 序		
NbC	TiC	OT	SL	TL
Nb	C	5.55	8.62	10.15
Nb	Ti	2.01	2.10	3.48
C	C	3.21	−0.32	−0.68
C	Ti	4.76	6.18	8.38

4.3.3 电子结构

为了更深入地揭示界面处的电子互作用和电荷分布，计算并分析了（100）、（110）和（111）三种界面中最稳定的界面，即（100）interface-

Ⅱ、（110） interface-Ⅱ和 NCTL 界面。

　　图 4.17 所示为上述三种界面模型弛豫优化后沿（110）平面的电子密度分布。可以看出，三种界面模型中界面处的 Nb、C 和 Ti 原子之间形成一定的化学键，然而它们之间的相互作用却有所不同。对于（100） interface-Ⅱ界面（见图4.17（a）），界面处的 Nb(C) 和 C(Ti) 原子共用少量的电荷，从而形成较弱的Nb—C 和 Ti—C 共价键，因而此界面具有最小的黏附功 W_{ad} 和最大的界面距离d_0。对于（110） interface-Ⅱ界面，如图 4.17（b）所示，更多的电荷聚集在界面处，致使形成更强的共价键，因此，该界面具有更高的 W_{ad}（$4.47J/m^2$）和更小的 d_0（0.2086nm）。对于 NCTL 界面（见图 4.17（c）），界面处的 Nb 和 C 原子共用大量的电荷，且界面处的 Nb 原子和 TiC 侧的第二层 Ti 原子共用一部分电荷；同时，界面处的 C 原子和 NbC 侧的第二层 C 原子也共用一部分电荷，由此可以推断，NCTL 界面存在较强的 Nb—C 共价键、Nb—Ti 金属键和较弱的 C—C共价键。这也解释了 NCTL 界面为什么具有最大的黏附功和最高的稳定性。

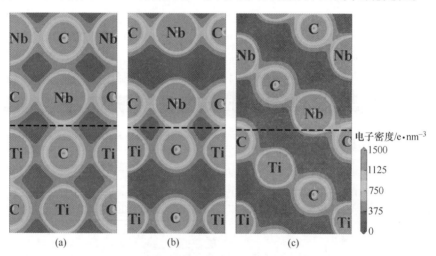

图 4.17　界面沿（110）平面的电子密度
（图中虚线代表界面）
（a）（100） interface-Ⅱ界面；（b）（110） interface-Ⅱ界面；（c） NCTL 界面

　　图 4.18 所示为上述三种界面模型弛豫优化后沿（110）平面的差分电荷密度分布，可以发现，界面附近的电荷分布出现局域化特征。由图 4.18（a）可知，界面处的 Nb、Ti 原子均将一部分电子转移到界面另一侧的 C 原子，这证明了此界面除了共价键外还存在离子键。对于（110） interface-Ⅱ界面（见图4.18（b）），在界面处的 Nb、Ti 和 C 附近可以观察到明显的电荷聚集现象，表明了界面存在较强的共价键，和图 4.17（b）的分析结果比较一致。对于 NCTL界面，如图 4.18（c）所示，弛豫后界面处的 Nb 原子向界面方向移动，且 Nb 原

子的部分电荷转移到了 TiC 侧的 C 原子上，因此，导致了较强 Nb—C 共价键和最小的界面间距 d_0 的形成。

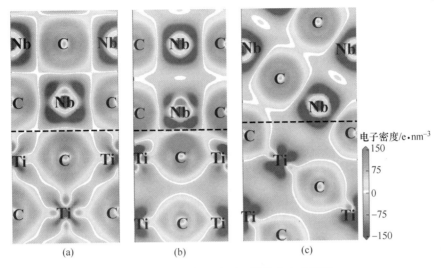

图 4.18　界面沿（110）平面的差分电荷密度
（图中虚线代表界面）
（a）（100）interface-Ⅱ界面；（b）（110）interface-Ⅱ界面；（c）NCTL 界面

为了进一步探明 NbC/TiC 界面的成键特征，计算了此界面的分态密度。在计算 PDOS 过程时，截断能和 k 点分别设为 500eV 和 20×20×1 以确保性质计算的精度。由于 Nb 终端的 NbC（111）和 C 终端的 TiC（111）以"TL"方式堆垛的界面具有最大的黏附强度和最高的稳定性，所以仅对该界面的 PDOS（见图 4.19）进行分析和讨论。

由图 4.19 可知，与 NbC（111）侧的第三层 Nb 相比，界面处 Nb 的电子态向费米能级方向移动，分态密度的高度变得更低且在 −10eV 附近出现新的电子峰。同时，界面处 C 原子的 PDOS 也和内层的 C 有所不同，与 TiC（111）侧的第三层 C 相比，第一层 C 的分态密度向负能级方向移动，且 PDOS 的峰值更大。因此，可以推断界面 Nb 原子的大部分电荷转移给了界面的 C 原子，从而形成较强的 Nb—C 共价键，且此相互作用主要由 Nb d 和 C sp 轨道之间的杂化所贡献，和上述的电荷密度分析一致。另外，界面处的 Nb d 轨道和 TiC（111）侧的第二层 Ti d 轨道在 −12.5～5.0eV 范围内也产生一定的杂化作用，特别在 2.1eV 左右产生"共振"现象，从而导致 Nb—Ti 金属键的形成。因此，共价键和金属键共存于 NCTL 界面使得其具有优异的稳定性。

4.3.4　异质形核分析

根据式（4.13）的计算方法，图 4.20 给出了 NbC/TiC 界面中比较稳定

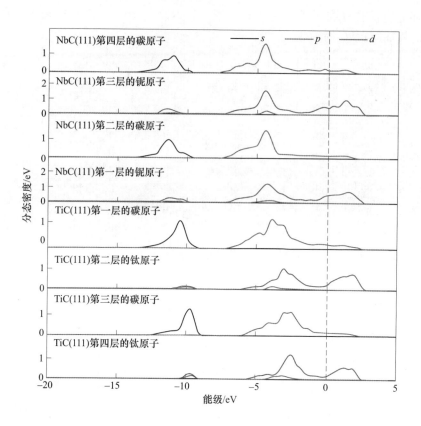

图 4.19　NCTL 界面弛豫后的分态密度
（虚线表示费米能级）

的（100）interface-Ⅱ、（110）interface-Ⅱ和 NCTL 3 种界面的界面能和 Nb、C 化学势关系。可以看出，（100）interface-Ⅱ和（110）interface-Ⅱ界面的 γ_{int} 与界面最邻近的 Nb、C 化学势没有关系，它们的 γ_{int} 分别 0.78J/m² 和 2.01J/m²。然而，对于 NCTL 界面，因 NbC(111) 和 TiC(111) 均为极性表面，所以该界面的 γ_{int} 和界面最邻近的 Nb、C 化学势密切相关，如图 4.20 所示，随着 Nb 的化学势（$\mu_{Nb}^{slab} - \mu_{Nb}^{bulk}$）的增大，其表面能也逐渐增大，最高达 1.25J/m²。通过对比发现，在低的 Nb 化学势和高的 C 化学势（$\mu_{C}^{slab} - \mu_{C}^{bulk}$）范围内，3 种界面能的大小关系为：（110）interface-Ⅱ >（100）interface-Ⅱ > NCTL，此时，NbC 在 TiC 表面形核优先以 $[1\bar{1}0](111)_{NbC}//[1\bar{1}0](111)_{TiC}$ 共格关系外延生长；然而，在高的 Nb 化学势和低的 C 化学势范围时，3 种界面能的由大到小为：（110）interface-Ⅱ > NCTL >（100）interface-Ⅱ，此 时，NbC 在 TiC 析出物表面形核优先以 $[001](100)_{NbC}//[001](100)_{TiC}$ 共格关系外延生长。

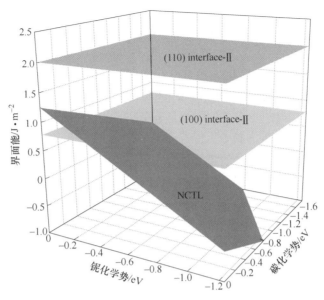

图 4.20　（100）interface-II，（110）interface-II 和 NCTL
三种界面的界面能和 Nb、C 化学势关系

4.4　NbC 在 TiN 和 TiC 析出相上异质形核的实验验证

图 4.21 所示为典型视场下 TEM 观察到的铌钛微合金钢碳膜复型样的异质形核析出相分布。可以看出，该视场下观察到的析出相数量较多，且绝大多数析出相的尺寸均在 100nm 以下，能起到良好的沉淀强化作用，然而它们的分布却不均匀；其中有一个典型的异质形核复合析出相，核心为长方形的析出相，其下方和左边可能外延生长出另一相。

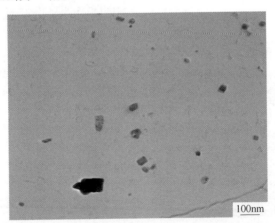

图 4.21　铌钛微合金钢碳膜复型样的异质形核析出相形貌

图 4.22 所示为铌钛微合金钢中典型的一个异质形核复合析出相。可见，此析出相可能由两相组成，析出物核心部分呈椭圆形状，外延生长部分为类似三角形状，如图 4.22（a）所示。根据电子衍射斑点图可以明显观察到有两套紧挨着的衍射斑点，证实了该复合析出相至少存在两相。经过测量和计算可知，富 Nb 相和富 Ti 相的晶格常数 a 分别为 0.4468nm 和 0.4246nm，与前人实验测出来的晶格常数 NbC（0.4466nm）和 TiN（0.424nm）非常接近。通过对比图 4.22（d）~（f）可以发现，析出物的 1 位置中 Ti 的含量明显高于 Nb，即核心部分为富 Ti 的（Ti,Nb）(N,C) 相，2 位置的成分主要为 Nb（其中 Cu 峰由铜网造成，故分析时可忽略），基本可判断其为 NbC；3 位置中 Nb 的含量要明显高于 Ti，即析出物的核心外延生长部分为富 Nb 的（Nb,Ti）(C,N) 相。因此，可以判断该复合异质形核析出相的核心以 TiN 为主，而以核心外延生长出来的异质相是以 NbC 为主。由图 4.22（g）可知，高温下先析出的（Ti,Nb）(N,C) 粒子和后来析出的异质形核相（Nb,Ti）(C,N) 之间存在如下取向关系为：$(111)_{(Nb,Ti)(C,N)}$ //

$(111)_{(Ti,Nb)(N,C)}$、$[1\bar{1}0]_{(Nb,Ti)(C,N)}$ // $[1\bar{1}0]_{(Ti,Nb)(N,C)}$。和上述第一性原理的计算结果比较吻合。

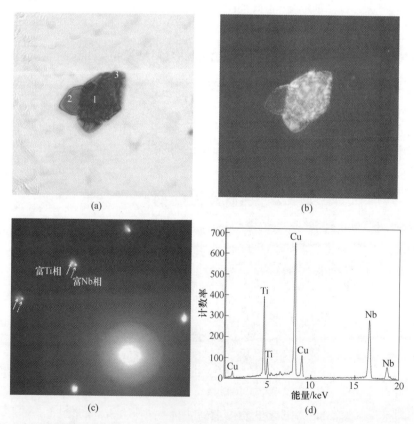

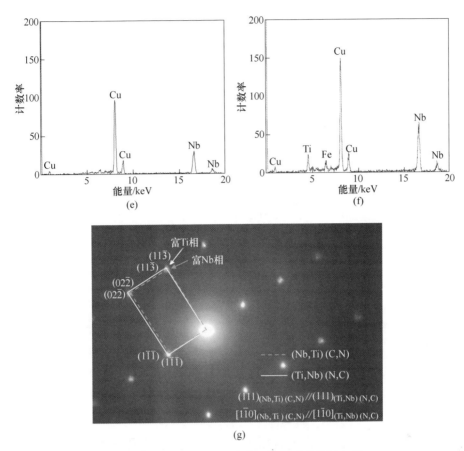

图 4.22 铌钛微合金钢中典型的异质形核析出相

（a）明场像；（b）暗场像；（c）电子衍射斑点；（d）～（f）分别为图（a）中

1、2、3 点的 EDS 图；（g）图（a）中粒子的傅里叶变换衍射图

图 4.23 所示为铌钛微合金钢中另一个典型的异质形核复合析出相。由图 4.23（a）可见，该析出相的核心为典型的长方形，由相应的 EDS（见图 4.23（b））可将其确定为富 Ti 的 $(Ti,Nb)(C,N)$ 碳氮化物；在核心的左边和左下边分别外延生长了一个"帽子"状的析出物，经过 EDS 分析可知，它们均为富 Nb 的 $Nb(C,N)$ 碳氮化物。由图 4.23（b）和（c）可知，该复合析出相由三相组成，经过测量和计算可知，富 Nb 相和富 Ti 相的晶格常数 a 分别为 0.4470nm 和 0.4242nm。因此，这个析出相的核心为富 Ti 的 $(Nb,Ti)(C,N)$ 析出相，而"帽子"部分为富 Nb 的 $Nb(C,N)$ 析出相。和 Hong 观察到的结果（见图 4.24）比较一致[31]。经过分析，$Nb(C,N)$ 和 $(Ti,Nb)(C,N)$ 析出相的取向关系为：

$(111)_{Nb(C,N)}//(111)_{(Ti,Nb)(N,C)}$，$[1\overline{1}0]_{Nb(C,N)}//[1\overline{1}0]_{(Ti,Nb)(N,C)}$，如图 4.23(e) 所示，

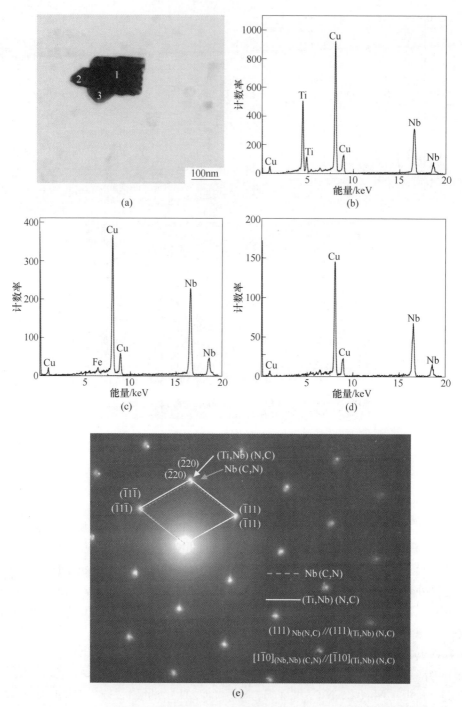

图 4.23　铌钛微合金钢中典型的异质形核析出相

（a）明场像；（b）~（d）分别为图（a）中 1、2、3 点的 EDS 图；（e）图（a）中粒子的傅里叶变换衍射图

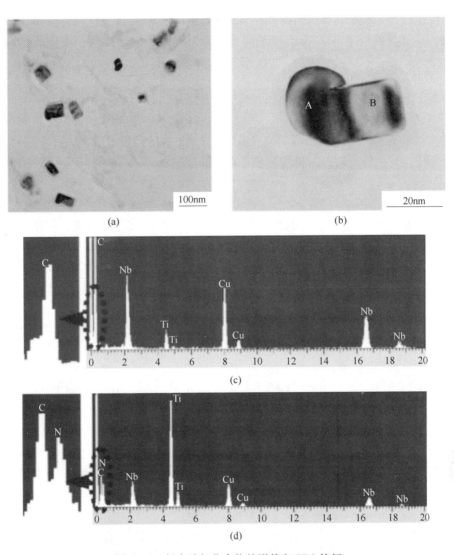

图 4.24　复合碳氮化合物的形貌和 EDS 特征

（a）Nb-Ti 钢中碳膜萃取富型显示的复合碳氮化合物；（b）帽子状的复合碳氮化合物的形貌；

（c）帽子 A 的 EDS 特征；（d）核心 B 的 EDS 特征（来自文献[31]）

也和上述的计算结果比较一致。另外，Jung 等人[164]通过热压缩实验对 Nb-Ti 微合金钢中碳化物析出行为进行了研究，结果发现在先析出的立方形（Ti, Nb）（N, C）边缘处析出新的粒子，且该粒子尺寸随等温时间的延长而增大，经 SADP 和 EDS 分析可知该新形成的颗粒为面心立方的（Nb, Ti）（C, N）析出相，且（Ti, Nb）（N, C）和（Nb, Ti）（C, N）呈现体心立方-体心立方取向关系：$(100)_{(Nb, Ti)(C, N)} // (100)_{(Ti, Nb)(N, C)}$，$[001]_{(Nb, Ti)(C, N)} // [001]_{(Ti, Nb)(N, C)}$。

综上所述，NbC 在先析出的 TiN 或 TiC 上异质形核现象比较复杂。本章通过第一性原理计算解析了 NbC/TiN 和 NbC/TiC 界面的微观电子性质，得出了 NbC 在 TiN 表面形核优先以 $[1\bar{1}0](111)_{NbC}//[1\bar{1}0](111)_{TiN}$ 共格关系外延生长，而 NbC 在 TiC 表面形核优先以 $[1\bar{1}0](111)_{NbC}//[1\bar{1}0](111)_{TiC}$ 或者 $[001](100)_{NbC}//[001](100)_{TiC}$ 共格关系外延生长，和实验观察的结果比较吻合，即从宏观和微观的角度揭示了 NbC 在先析出的 TiN 或 TiC 上异质形核的微观本质，从而为 Nb-Ti 微合金钢中碳化物析出的控制和强化方法提供理论依据。

4.5 本章小结

为揭示 NbC 在先析出的 TiN、TiC 第二相颗粒上异质形核机理，本章首先采用第一性原理方法分别计算了 NbC/TiN、NbC/TiC 界面的黏附功（W_{ad}）、界面能（γ_{int}）、电子结构和键特征，考虑到不同原子终端和不同的堆垛顺序，共构建并分析了 16 种 NbC/TiN 和 16 种 NbC/TiC 界面性质；并采用实验方法观察异质形核析出相的形貌、特征以及两相间的关系，主要的结论如下：

（1）对于 NbC、TiC 和 TiN 晶体，（100）晶面的表面能均要低于（110），即（100）面的稳定性比（110）面的稳定性要好；然而，它们的（111）面的表面能和 Ti、Nb 或 C 的化学势有关。

（2）无论是 NbC（100）/TiN（100）界面还是 NbC（110）/TiN（110）界面，interface-A 的稳定性要优于 interface-B。对于 NbC（111）/TiN（111）界面，其最小和最大的 W_{ad} 分别为 $-2.39 J/m^2$ 和 $7.81 J/m^2$，且具有 C—Ti 键的 NbC（111）/TiN（111）界面最稳定，含 Nb—N 键、Nb—Ti 键和 C—N 键的界面稳定性依次减弱，其中（111）interface-Ⅲ界面具有最大的黏附功（$7.81 J/m^2$）和最小的界面间距（0.1195nm）；同样地，NbC/TiC 界面具有类似的结论。

（3）对于 NbC/TiN 和 NbC/TiC 界面，（100）、（110）和（111）界面的化学键强度和稳定性主要归功于界面原子在 $-7.5 \sim 2.5 eV$ 范围的轨道杂化作用，其中，最稳定的（100）和（110）界面主要由共价键构成，而最稳定的（111）界面（即（111）interface-Ⅲ和 NCTL 界面）主要由共价键和金属键构成。

（4）对于 NbC/TiN 界面，在整个 Ti 和 C 化学势范围内，（111）interface-Ⅲ界面能低于（100）interface-A 和（110）interface-A，因而 NbC 在 TiN 析出物表面形核优先以 $[1\bar{1}0](111)_{NbC}//[1\bar{1}0](111)_{TiN}$ 共格关系外延生长。对于 NbC/TiC 界面，在低 Nb 化学势和高 C 化学势范围内，NbC 在 TiC 析出物表面形核优先以 $[1\bar{1}0](111)_{NbC}//[1\bar{1}0](111)_{TiC}$ 共格关系外延生长；然而，在高 Nb 化学势和低 C 化学势范围内，NbC 在 TiC 析出物表面形核优先以 $[001](100)_{NbC}//[001](100)_{TiC}$ 共格关系外延生长。

（5）实验结果表明，有些复合异质形核析出相的核心以 TiN 为主，而以核心外延生长出来的异质相是以 NbC 为主；有些析出相的核心为富 Ti(Nb,Ti)(C,N)，而"帽子"部分为富铌 Nb(C,N)。且复合异质形核析出相中的两相取向关系和第一性计算结果比较一致。

5　合金元素对铁素体在 NbC 和 TiC 上形核的影响

5.1　概述

高强高韧钢是现代钢铁工业生产中不懈追求的目标。从强化机制上来看，间隙固溶强化及位错强化均对韧性不利，细化晶粒是唯一能够同时提高强度和韧性的有效手段。Nb、V、Ti 等微合金元素能在钢中产生碳氮化物析出相，这些析出相可以钉扎在晶界上，阻止晶界迁移进而细化晶粒、提高钢的性能[165~169]。近年来，很多研究者致力于研究 Nb、Ti 对钢组织及性能的影响。实验发现钢中先析出的第二相 NbC 和 TiC 粒子能够成为 α-Fe 铁素体的有效形核剂[170,171]。因此，α-Fe/NbC（或 TiC）界面以及界面上的合金元素均对铁素体的晶粒大小具有重要的影响，然而采用传统的实验方法很难有效地从微观角度解析界面的本质。

当前，第一性原理方法被广泛应用于研究金属/碳化物的电子结构，黏附强度以及界面成键特征。例如，Fe/TiC[172,173]、Fe/NbC[174,175]、Fe/WC[176] 的界面性质及其结合特征被系统地探究。很多研究者还利用第一性原理研究不同的合金元素对界面性质（包括电子、结构和稳定性等）的影响。如 Xie 等人[177]考察了 Al 和 Ni 在 α-Fe/Cu（100）共格界面的偏聚行为，发现了 Al 和 Ni 更容易偏聚到 Cu 析出物侧，且 Al 能加强 α-Fe/Cu 的界面结合强度，然后 Ni 却削弱了此界面的稳定性。Abdelkader 等人[178]通过 DFT 计算揭示了界面处的 Re 元素能改善 Mo/HfC 和 Mo/ZrC 界面的稳定性。另外，Sun 等人[179]利用密度泛函理论研究了 Mg、Zn、Cu、Fe 和 Ti 合金元素对 Al/TiC 界面的机械和电子性质的影响，发现 Fe 和 Ti 能提高界面的稳定性而 Mg、Zn 起到相反的作用，且从电子和原子的角度揭示了此现象的机理。然而，不同的合金元素对铁素体和 TiC、NbC 之间的结合强度以及异质形核的影响鲜有报道。因此，本章利用第一性原理方法研究 α-Fe/TiC（或 NbC）界面及其合金化界面的电子结构和界面性质，以探索不同的合金元素（包括 Zr、V、Cr、Mn、Mo、W、Nb、Y 等）对铁素体在 TiC 和 NbC 表面上形核的影响。

5.2 合金元素对铁素体在 TiC 上形核的影响

5.2.1 模型与计算方法

5.2.1.1 计算方法

本章采用基于密度泛函理论结合平面波赝势方法的 CASTEP 软件进行计算，且采用超软赝势来描述电子和原子核之间的相互作用。利用局域密度近似（LDA-CAPZ）泛函来表示交互相关能函数。BFGS 算法被用来完成几何优化以实现原子的充分弛豫。本文所有计算在倒易空间上进行，对于铁素体和 TiC，k 点的网格划分均为 $8\times8\times8$。对于所有的表面和界面模型，k 点的网格划分为 $8\times8\times1$。原子采用超软赝势，最大平面波截断能量为 400eV，收敛条件是自洽计算的最后两个循环能量之差（以原子计）小于 1×10^{-5} eV，作用在每个原子上的力不大于 0.3eV/nm，内应力不大于 0.03GPa。

5.2.1.2 体相性质

α-Fe 和 TiC 晶体分别为体心立方和面心立方结构，其空间群分别为 IM-3M 和 FM-3M。每个铁素体晶胞含有 2 个原子（$Z=2$），而每个 TiC 晶胞含有 8 个原子（$Z=4$），它们的晶胞结构如图 5.1 所示。

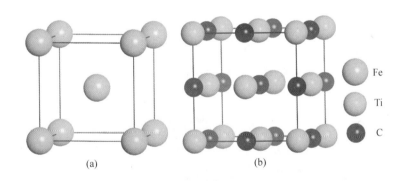

图 5.1 α-Fe(a) 和 TiC (b) 的晶体结构

为了保证计算的准确性，本章计算了 TiC 和 bcc-Fe 的晶格常数，结果见表 5.1，可以看出，对于 α-Fe，其计算出来的晶格常数为 0.2737nm，和实验值（0.2866nm）以及他人计算值（0.276nm）比较吻合。对于 TiC，其计算出来的结果和实验数据的误差在 2% 以内，因此，本章计算所选用的计算参数是合理的，可以保证接下来计算的精度。

表 5.1   计算的 TiC 和铁素体的晶格常数和实验值的比较

材　料	晶体结构	$a = b = c/nm$		
		本计算值	文献值	实验值
TiC	面心立方	0.4263（1.43%）	0.4261[180]	0.4325[181]
α-Fe	体心立方	0.2737（4.71%）	0.276[182]	0.2866[183]

注：小括号数值代表误差。

5.2.1.3   表面性质

为确定 α-Fe 和 TiC 表面的最小原子层数，以保证表面深处的原子呈现体相原子的特征，我们先对 ferrite（100）和 TiC（100）板块模型进行收敛性测试。该两个表面均为非极性表面，所以可根据表面能随原子层数的变化趋势来确定所需要的原子层数，其表面能（σ）可根据 Botteger 计算公式求出[121]：

$$\sigma = \frac{E_{slab}^n - N\Delta E}{2A} \tag{5.1}$$

$$\Delta E = \frac{E_{slab}^n - E_{slab}^{n-2}}{2} \tag{5.2}$$

式中，n 为板块模型的原子层数；E_{slab}^n 和 E_{slab}^{n-2} 分别为 n 层和 $n-2$ 层表面模型的总能量；A 为相应表面的面积。

表 5.2 所示为 ferrite 和 TiC 的（100）面表面能随着表面模型的原子层数的变化趋势。由表可以看出，随着原子层数的增加，其表面能逐渐趋于稳定。当原子层数 $n \geqslant 5$ 时，ferrite（100）和 TiC（100）表面的 σ 分别收敛于 3.44J/m² 和 2.16J/m²。因此，我们选择 5 层原子层厚度的 ferrite 和 TiC 以构建界面。

表 5.2   ferrite（100）和 TiC（100）的表面能随原子层数厚度增加的收敛趋势

层数 n	表面能/J·m⁻²	
	Ferrite（100）	TiC（100）
3	3.81	2.79
5	3.44	2.16
7	3.46	2.15
9	3.45	2.16

5.2.1.4   界面结构

前人的研究结果表明，TiC 碳化物和铁素体基体呈 Baker-Nutting 取向关系[15]：ferrite（100）//TiC（100），且 ferrite（100）/TiC（100）界面的性质（包括黏附功、界面能和板块厚度）已被系统的研究，并发现了具有 C 终端的 TiC 表面能有效地促进铁素体形核。因此，建立了具有 C 终端的 ferrite（100）/TiC（100）的界面模型，即将 5 层的 ferrite（100）堆垛在 5 层的 TiC（100）表面上，并在上下表面添加至少 1.2 nm 的真空层以消除两者之间的相互作用。为了探索不同合金元素对 ferrite/TiC 界面的影响，建立了（2×2×1）Fe/TiC 超胞结构（共 60 个原子），并且假设界面处的 Fe 原子被合金元素（Zr、V、Cr、Mn、Mo、W、Nb、Y）取代，即 25% 的界面取代浓度，如图 5.2 所示，当合金元素被引入结构后，所有的合金化界面模型都被充分的弛豫。

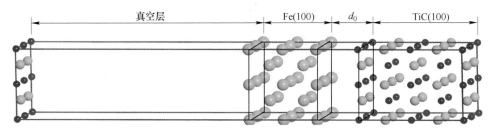

图 5.2　Ferrite(100)/TiC(100)界面的结构示意图

（界面的绿球代表合金元素，大蓝色球代表 Fe 原子，

红球和小黑色球则分别代表 Ti 和 C 原子）

5.2.2　合金元素偏聚行为

为了研究不同合金原子在 ferrite(100)/TiC(100) 界面处的稳定性和偏聚行为，可以利用偏聚能来进行预测和分析。根据文献[184]的计算方法，偏聚能（ΔE_{seg}）等于界面合金化前后的能量差，即

$$\Delta E_{seg} = E_{Fe\text{-}X/TiC} - E_{Fe/TiC} + E_X - E_{Fe} \tag{5.3}$$

式中，$E_{Fe/TiC}$ 和 $E_{Fe\text{-}X/TiC}$ 分别代表合金 X（X = Zr、V、Cr、Mn、Mo、W、Nb、Y）取代前和取代后 ferrite/TiC 界面的总能量；E_X 和 E_{Fe} 分别代表单个合金原子 X 和单个 Fe 原子的能量。

通常，合金元素的偏聚能越负说明其越容易偏聚。本节中各种合金元素偏聚的计算结果如图 5.3 所示。可以看出，合金元素在 ferrite/TiC 界面的偏聚情况有所不同。Zr、V、Cr、Mn、Mo、W 和 Nb 合金化的界面具有负的偏聚能，说明这些原子更容易偏聚到 ferrite/TiC 界面的铁素体侧。因此，即使这些合金原子浓度很低，它们也容易进入铁素体侧且影响界面性质；此外，V、Cr、Mo、W 和 Nb 的偏聚能比 Zr、Mn 要小，且 V 的 ΔE_{seg} 值最小，因而钢液中的 V 很容易偏聚到铁素体的界面。然而，对于 Y 合金化的界面，$\Delta E_{seg} > 0$，表明了 Y 原子不容易取代界面处的铁原子，也就是说它很难分配并偏聚到 ferrite/TiC 界面。

5.2.3　界面黏附功和稳定性

理想的黏附功 W_{ad} 通常用来表征一个界面的黏附特征和结合强度，它表示生成两个自由表面时，所需的单位面积上的可逆功。黏附功越大说明劈开界面所

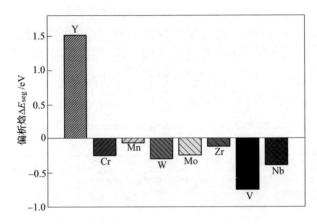

图 5.3   合金原子合金化的 ferrite(100)/TiC(100)界面后的偏聚焓

需要的能量就越大，ferrite(100)/TiC(100) 界面的黏附功可以通过下面的式子求出[185,186]：

$$W_{ad} = \frac{E_{Fe} + E_{TiC} - E_{Fe/TiC}}{A} \tag{5-4}$$

式中，E_{Fe} 和 E_{TiC} 分别表示弛豫的、游离的 Fe 和 TiC 板块的总能量；$E_{Fe/TiC}$ 代表 ferrite(100)/TiC(100) 界面的总能量；A 表示界面面积。当合金元素进入界面时，我们假设界面处的 Fe 原子被一个合金原子取代，因此合金化后的界面的黏附功也可根据式（5.4）被计算出来，计算的结果见表 5.3 和图 5.4。

表 5.3   合金化后界面的界面距离 d_{ep}、黏附功 W_{ad} 和界面能 γ_{int} 及其变化

固溶原子	d_{ep}/nm	W_{ad}/J·m^{-2}	ΔW_{ad}/J·m^{-2}	γ_{int}/J·m^{-2}	$\Delta\gamma_{int}$/J·m^{-2}
无	0.1875	3.84	0.00	3.27	0.00
Y	0.1945	1.91	−1.93	4.66	1.40
Cr	0.1886	4.15	0.31	3.04	−0.23
Mn	0.1874	3.86	0.02	3.24	−0.03
W	0.1928	3.97	0.14	3.13	−0.14
Mo	0.1922	3.86	0.02	3.20	−0.06
Zr	0.1920	2.90	−0.94	3.77	0.50
V	0.1883	3.93	0.09	3.16	−0.11
Nb	0.1906	3.52	−0.32	3.36	0.10

可以看出，不同的合金元素对 ferrite(100)/TiC(100) 界面的黏附功和平衡的界面距离均有影响。对于干净的界面，其平衡的界面距离 d_{ep} 为 0.1875nm，和文献计算出来的结果 0.183nm[87] 有着很好的吻合。对于 Y、Zr、Nb 合金化的界

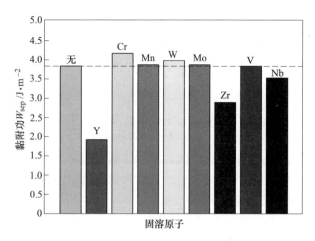

图 5.4 Ferrite(100)/TiC(100)界面合金化前后的黏附功比较

面，其黏附功比合金化前的（3.84J/m²）要小，尤其是 Y(1.91J/m²) 和 Zr(2.89J/m²)，说明 Y 和 Zr 取代界面处的 Fe 原子后将会显著降低 Fe/TiC 界面的结合强度。这可能是由于 Y 和 Zr 的原子半径比较大，取代后使得界面距离增大，从而导致界面两侧原子的相互作用减弱。对于 Cr、Mn、W、Mo 和 V 合金化的界面，其黏附功比干净的界面要大，说明这些合金元素能提高界面的结合强度。李晓林[47]通过 TEM 观察发现钢中的 Mn 能够促进更多细小的 TiC 析出，这也间接验证了本计算的准确性。其中 Cr 合金化的界面最为稳定，这可能是因为界面处 Cr 和 C 原子具有较强的相互作用。然而 Mn、W、Mo 和 V 强化界面的效果不太明显，有可能是取代浓度低的缘故[179]。

5.2.4 电子结构

界面成键特征对一个界面的性质具有很大的影响，为了更深入地理解界面处的电子互作用和电荷分布，本章模拟了合金元素置换前后的 ferrite(100)/TiC(100) 界面的电子结构和成键特征。根据以上讨论，我们选择了具有代表性的界面（Y、Zr、Mo、Cr 合金化的界面）来计算，对这些界面的差分电荷密度以及分态密度（PDOS）进行系统地分析，以从电子角度探究不同合金元素对 ferrite(100)/TiC(100) 界面黏附强度的影响。

图 5.5 所示为合金元素取代前后的 ferrite(100)/TiC(100) 界面的差分电荷密度分布。可以看出，对于干净的 ferrite/TiC 界面，如图 5.5（a）所示，其界面处的电荷转移出现局域化特征，表明了电荷主要分布在界面附近。另外，在界面靠 Fe 侧存在大量的电荷贫化区。同时，界面处的 Fe 原子的一些电荷转移到了界面处的 C 原子，说明界面呈现一定的离子性特征。因此，此界面主要由共价键和离子键组成。由于 C 原子的电负性较强，得电子能力强，所以界面存在较强的非

极性共价键。从图 5.5（b）和（c）中可以发现，Y 和 Zr 合金化后界面处的 Fe
原子同样存在电荷贫化区，然而 Y 和 Zr 原子失去的电荷数要比 Fe 少，说明界面
处的 Y、Zr 原子和 C 原子的相互作用更弱，这也解释了 Y 和 Zr 合金化界面的黏
附功还不到取代前界面的一半。当 Mo、Cr 原子取代界面处的一个 Fe 原子时，如
图 5.5（d）和（e）所示，电荷分布发生较大的变化。在铁素体侧的 Cr 和 Mo 原
子附近，存在更大的电荷贫化区，说明界面处的 Cr、Mo 和 C 原子之间形成更强
的非极性共价键。此外，界面完全弛豫后铁素体侧的 Cr 原子和 TiC 侧的第一层 C
原子的距离变得更短，甚至比 TiC 侧的 Ti—C 键长还要短，这也揭示了 Cr 合金
化的 ferrite（100）/TiC（100）界面具有最高结合强度的原因。

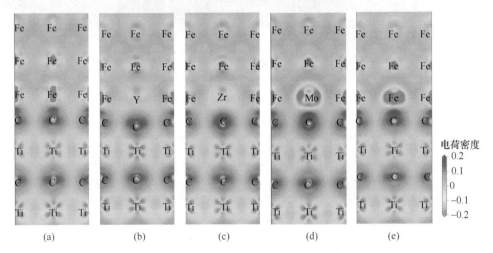

图 5.5　合金元素取代前后的 ferrite/TiC 界面的差分电荷密度的比较

　　为了进一步阐明上述界面的电子性质，本节也计算了它们的总态密度
（TDOS）和分态密度（PDOS）。图 5.6 所示为合金元素置换前后 ferrite/TiC 界面
的总态密度。可见，这些界面的总态密度曲线基本类似，说明合金元素的引入并
没有导致界面能量的较大变化。众所周知，费米能级处的分态密度可以反映一个
界面的稳定性，分态密度值越小说明该界面就越稳定。为了区分这些曲线的细小
差别，我们对界面处的分态密度进行局部放大，如图 5.6 所示。由图可知，Cr、
Mo、W、V 和 Mn 合金化界面在费米能级处的分态密度值均低于未合金化界面，
因而可以强化 ferrite/TiC 界面；然而，Y、Zr、Nb 合金化界面在费米能级处的态
密度值均高于未合金化界面，且它们的 TDOS 值由高到低为 Y > Zr > Nb，表明了
此三种合金元素对界面起到弱化作用，其中界面中的 Y 将会显著降低界面的稳定
性，和上述的黏附功分析结果相一致。此外，通过对比还可以发现，Cr 合金化
界面在费米能级具有最小的分态密度值，表明了 Cr 可以明显改善 ferrite/TiC 界面
的结构稳定性和机械性质。

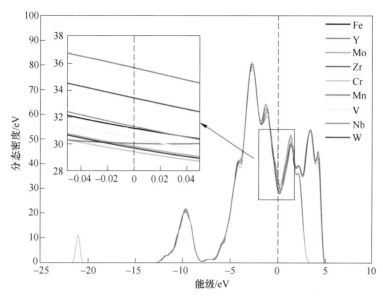

图 5.6 合金元素取代前后 ferrite/TiC 界面的分态密度

图 5.7 所示为不同合金原子取代界面 Fe 后的态密度和分态密度。从未取代的 "干净" 界面的 PDOS （见图 5.7（a））可以看出，界面处的价电子在 -6.63~3.11eV 范围内相互作用较强，而 -12.58~-7.54eV 范围的电荷作用较弱，主要是 Ti 3d 和 C 2p 轨道的贡献。此外，Fe 3d、Ti 3d 和 C 2p 在 -3.02eV 处均出现相似的峰，从而产生杂化现象，导致了较强的共价键；Fe 和 Ti 原子在 -0.54eV 处产生 "共振"，从而形成一定的金属键。因此，共价键和金属键共存于 ferrite/TiC 界面。

对于 Cr 合金化的 ferrite/TiC 界面，如图 5.7（b）所示，界面处的 Cr 3d、Fe 3d、Ti 3d 和 C 2p 轨道在 -6.63~3.11eV 范围内发生明显的杂化，从而导致很强共价键的形成；且 Cr 的 PDOS 高度比 Fe、Ti 均要高，因而 Cr 和 C 的电荷作用强于 Fe、Ti 和 C 的作用，因此 Cr 合金的引入强化了 ferrite/TiC 界面的结合强度，同时 Mo 也有类似的作用，如图 5.7（c）所示。当 Zr 原子取代界面处的 Fe 原子后，如图 5.7（d）所示，界面处 Fe 的分态密度变得更局域化，同样地，界面处的 Fe、Ti 和 C 在 -6.63~3.11eV 范围内发生一定的杂化作用，但是 Zr 的态密度值明显低于 Fe 和 Ti 的 DOS 值，因而界面处的 Zr 和 C 相互作用较弱，因此偏聚于 ferrite/TiC 界面的 Zr 将会降低该界面的稳定性。与其他界面相比，Y 合金化的界面处的 Y 和 C 原子在 -20.61~22.03eV 范围产生新的共振作用（见图 5.7（e）），从而形成一定的 Y-C 共价键，然而弱的界面相互作用显著地降低了界面的稳定性。

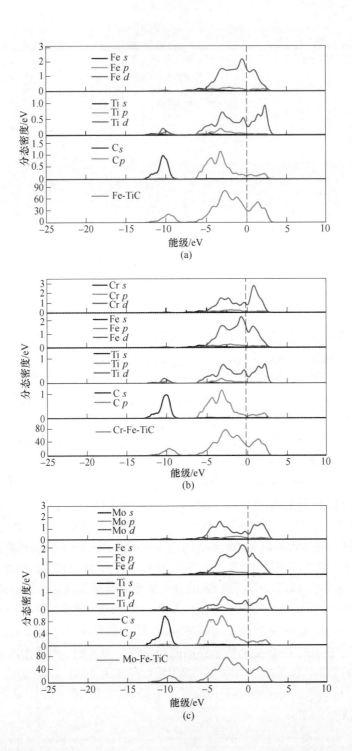

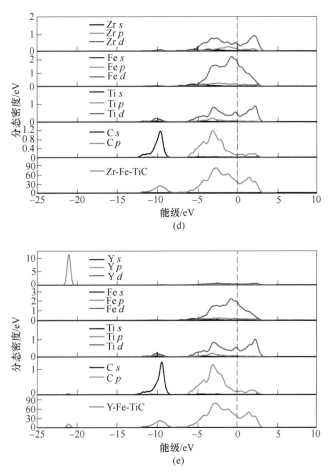

图 5.7　合金取代界面后的分态密度

(a) 干净界面；(b) Cr；(c) Mo；(d) Zr；(e) Y

虽然态密度分析可以揭示界面共价键特征的信息，但是其只能定性地描述电荷转移情况。当前，布局数分析（mulliken population analysis）可以半定量地描述电荷转移数。表 5.4 所列为界面 C 原子及其最邻近的 X（X = Zr、V、Cr、Mn、Mo、W、Nb、Y）原子在合金元素 X 置换前后原子电荷的布局分析。对于未取代的界面，界面的 Fe 和 C 原子的电荷转移量分别为 $-0.02e$ 和 $-0.68e$。当合金元素被引入界面后，界面原子的电荷转移和原子相互作用发生明显的变化。对于 Cr 和 W 引入的体系，当 Cr(W) 取代界面的一个 Fe 原子后，Cr(W) 以及邻近 C 原子的电荷转移量分别为 $1.04e$（$0.71e$）和 $-0.76e$（$-0.69e$），这表明了 Cr 和 W 能够产生很强的正电场以吸引 C 离子。对于 Mn、Mo 和 V 引入的体系，Mn、Mo 和 V 的电荷转移数分别为 $0.25e$、$0.40e$ 和 $0.42e$，且最邻近 Mn、Mo 和 V 的 C

原子得到的电荷分别为 0.69e、0.71e 和 0.69e，可见这些原子也可以加强界面的电荷相互作用。然而，当 Y 取代界面的 Fe 后，Y 及其邻近的 C 原子的电荷转移数分别为 1.03e 和 -0.70e，这反映了界面的 Y 和 C 原子呈现很强的杂化作用，但是 Y-C 键长（0.2239nm）以及平衡的界面距离（0.1945nm）均很大，因此 Y 将会降低 ferrite/TiC 界面的结合强度。

表 5.4　界面 C 原子和 X(X=Zr、V、Cr、Mn、Mo、W、Nb、Y)原子
在合金原子 X 取代前后原子电荷的布局分析

X 原子	总电荷/e	转移电荷量/e	C 原子	总电荷/e	转移电荷量/e
Fe	8.02	-0.02	C	4.68	-0.68
Y	9.97	1.03	C	4.70	-0.70
Cr	12.93	1.04	C	4.76	-0.76
Mn	6.75	0.25	C	4.69	-0.69
W	13.29	0.71	C	4.69	-0.69
Mo	13.60	0.40	C	4.71	-0.71
Zr	11.81	0.19	C	4.66	-0.66
V	12.58	0.42	C	4.69	-0.69
Nb	12.89	0.11	C	4.65	-0.65

5.2.5　异质形核分析

常与界面稳定性联系起来的另一个热力学量是界面能 γ_{int}，其定义是体系中形成界面后每单位面积上的多余能量，其本质上来源于界面处原子化学键的改变和结构应变。由于实验测量较为困难，界面能 γ_{int} 的实验值很少见诸于文献。对于固-固界面常将其忽略，即认为 γ_{int} 等于 0。如果对于两个类似的固相，其界面能 γ_{int} 很小，将其忽略为零是可以接受的。如果两个固相材料完全不同，则其界面能应该为正值，这是由结构错配所产生的界面失配应变所导致的。界面能 γ_{int} 可以通过下列式子求出[187]：

$$\gamma_{int} = \frac{E_{\alpha/\beta(x,y)} - xE_{bulk\alpha} - yE_{bulk\beta}}{A_i} - \gamma_\alpha - \gamma_\beta \tag{5-5}$$

式中，A_i 为界面积；$E_{\alpha/\beta}$ 为界面体系的总能；$E_{bulk\alpha}$ 和 $E_{bulk\beta}$ 为体相 α 和 β 中单个原子（或分子式）所具有的总能；x 和 y 是界面模型中 α 和 β 相的原子（或分子式）数目；γ_α 和 γ_β 是 α 和 β 相的表面能。

本节计算出来的表面能也被列于表 5.3 中，由表可以看出，与未合金化界面的 γ_{int}（3.27J/m²）相比，Y、Zr、Nb 引入界面后的界面能变得更大，分别为 4.66J/m²、3.77J/m² 和 3.36J/m²；对于 Cr、Mn、W、Mo、V 引入的界面，其界

面能 γ_{int} 均低于干净界面，尤其是 Cr 合金化界面，低至 $3.04J/m^2$，说明 Cr、Mn、W、Mo、V 可以提高 ferrite(100)/TiC(100) 界面稳定性，和黏附功的分析结果一致。

　　铁素体在碳化物上的异质形核和界面能密切相关，界面能越小其稳定性就越好，根据表 5.3 的计算结果，和未取代的界面相比，Y、Zr 和 Nb 合金化体系的界面能升高且黏附功降低，表明了这些合金元素会减弱铁素体在 TiC 上的形核能力。然而，Cr 置换的体系比其他界面稳定，因此，界面处的 Mo、W、Mn、V，尤其是 Cr，能够有效地促进铁素体形核和细化晶粒。前人实验结果也证明了 Cr 容易偏聚到 ferrite/TiC 界面，并与 C 相互作用形成碳化铬，进而细化铁素体晶粒[188]和改善钢的抗氧化性能[189]。

5.3　合金元素对铁素体在 NbC 上形核的影响

5.3.1　模型与计算方法

　　前人实验结果表明，NbC 碳化物和铁素体基体也呈 Baker-Nutting 取向关系[15]：ferrite(100)//NbC(100)。Fors 等人利用泛函理论方法计算 ferrite(100)/NbC(100) 界面的性质[190]，并发现了当 Fe 原子位于 NbC 板块侧 C 原子的顶位（Fe-OT-C）时，该界面为最稳定的结构[174]。因此，本节构建了具有 Fe-OT-C 特征的 ferrite(100)/NbC(100) 的界面模型，即将 5 层的 ferrite(100) 堆垛在 7 层的 NbC(100) 表面上，并在上下表面添加至少 1.5nm 的真空层以消除两者之间的相互作用。为了研究不同合金元素对 ferrite/NbC 界面的影响，本节构建了（1×2×1）Fe/NbC 超胞结构（共 38 个原子），并且假设界面处的一个 Fe 原子被合金元素 X（X= Cr、Mn、Mo、W、Zr、V、Ti、Cu 和 Ni）取代，如图 5.8 所示，当合金元素被引入结构后，除了 Fe 的表面两层和 NbC 的表面 4 层原子外，界面模型中所有其他原子均被充分弛豫。本节所有计算均采用 CASTEP 软件，且计算所采用的赝势、泛函、截断能以及其他参数均和 5.2.1 小节相同。

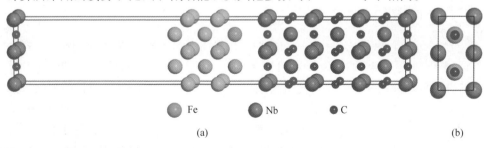

　　　　　　　　　　　Fe　　　　　　Nb　　　　　C

　　　　　　　　　　　　(a)　　　　　　　　　　　　　　　(b)

图 5.8　ferrite(100)/NbC(100)界面的结构示意图(a)和 Ferrite
(100)/NbC(100)界面侧视图(b)
（界面的红球代表合金化元素）

5.3.2   合金元素偏聚行为

图 5.9 所示为不同合金元素在 ferrite(100)/NbC(100) 界面的偏聚难易程度。可见，Cr、Mo、V 和 Ti 合金化的界面具有负的偏聚能，分别为 - 0.050eV、- 0.068eV、- 0.543eV 和 - 0.755eV，说明这些原子（尤其是 V 和 Ti）比较容易偏聚到 ferrite/NbC 界面的铁侧，进而影响该界面性质。Uemori 等人[191] 通过原子探针场离子显微镜（AP-FIM）发现，Nb-Ti-Mo 微合金钢在 600℃ 长时间保温后析出的粒子中，Mo 偏聚在 Nb(C,N) 与铁素体界面，从而阻止 Nb 原子从基体到 Nb(C,N) 的扩散，并抑制 Nb(C,N) 的粗化，和本节计算结果一致。然而，对于 Mn、W、Zr、Cu 和 Ni 合金化的界面，其偏聚能均大于零，其中 Zr 和 Cu 的偏聚能分别为 0.153eV 和 0.626eV，明显大于其他元素的偏聚能，表明了这些合金元素（尤其是 Zr 和 Cu）不容易取代界面处的铁原子，也就是说很难分配并偏聚到界面。

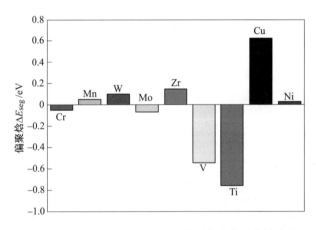

图 5.9   Ferrite(100)/NbC(100)界面合金化后的偏聚焓

5.3.3   界面黏附功和稳定性

根据 5.2.3 小节中式（5.4），我们也计算了合金置换后界面的黏附功，其计算的结果见表 5.5 和图 5.10。可以看出，不同的合金元素对 ferrite(100)/NbC(100) 界面的黏附功有一定的影响。对于 Mn、Zr、Cu 和 Ni 取代的界面，其黏附功比取代前（ - 0.96J/m^2）都要小，说明了这些元素取代界面处的 Fe 原子后将会显著降低 Fe/NbC 界面的结合强度。其中 Zr 合金化的界面（ - 1.80J/m^2）稳定性最差，这可能是由于 Zr 的原子半径比较大，加入后使得界面距离增大，从而导致界面两侧原子的相互作用减弱。对于 Cr、W、Mo、V 和 Ti 合金化的界面，其黏附功比干净的界面要大，说明这些合金元素能提高界面的结合强度。

Zhang 等人[192]发现 Mo 能够偏聚到 ferrite/NbC 界面并形成细小的（Nb,Mo）C 复合相，这些相能够有效地抑制 NbC 长大并细化晶粒[53]，这也间接说明了 Mo 能够提高 ferrite/NbC 界面的强度，和我们的计算分析一致。此外，Cr 合金化的界面最为稳定，然而 V 和 Ti 强化界面的效果不太明显，这是因为界面处 Cr 和 C 原子具有较强的相互作用，而 V、Ti 和 C 原子的相互作用相对较弱。

表 5.5　合金取代后界面的黏附功 W_{ad} 和界面能 γ_{int} 及其变化

固溶原子	$W_{ad}/J \cdot m^{-2}$	$\Delta W_{ad}/J \cdot m^{-2}$	$\gamma_{int}/J \cdot m^{-2}$	$\Delta\gamma_{int}/J \cdot m^{-2}$
无	−0.96	0.00	5.07	0.00
Cr	−0.43	0.53	4.81	−0.26
Mn	−1.27	−0.31	5.26	0.19
W	−0.47	0.49	4.83	−0.24
Mo	−0.70	0.26	4.95	−0.12
Zr	−1.80	−0.84	5.60	0.53
V	−0.90	0.06	4.82	−0.25
Ti	−0.91	0.05	4.88	−0.19
Cu	−1.78	−0.82	5.78	0.71
Ni	−1.31	−0.35	5.28	0.21

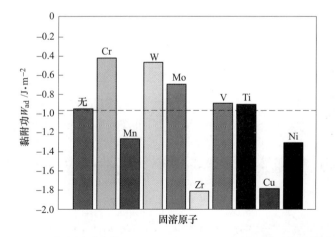

图 5.10　合金原子取代 ferrite(100)/NbC(100)界面前后的黏附功

5.3.4　电子结构

为了进一步理解上述界面的电子机构和界面特征，本节计算了合金元素合金化前后的 ferrite(100)/NbC(100) 界面的差分电荷密度和布局数。根据以上讨论，本节选择了具有代表性的界面（Zr、Cu、Cr、W 合金化的界面）来研究，并对这些界面的差分电荷密度进行系统地分析，从电子角度探究不同合金元素对ferrite(100)/NbC(100) 界面黏附强度的影响。

图 5.11 所示为合金置换前后的 ferrite (100)/NbC(100) 界面的（010）面的差分电荷密度分布。可以看出，对于未取代的 ferrite/NbC 界面（见图 5.11 (a)），其界面处的电荷转移出现局域化特征，表明了电荷主要分布在界面附近。另外，在界面靠 Fe 侧存在大量的电荷贫化区。同时，界面处的 Fe 原子的一些电荷转移到了界面处的 C 原子，说明界面呈现一定的离子性特征。因此，该界面主要由共价键和离子键组成。由于 C 原子的电负性较强，得电子能力强，所以界面存在较强的非极性共价键。从图 5.11 (b) 和 (c) 中可以发现，Zr 和 Cu 合金化后界面处的 Fe 原子同样存在电荷贫化区，然而 Zr 和 Cu 原子失去的电荷数要比 Fe 少，说明界面处的 Zr 和 Cu 原子和 C 原子的相互作用更弱，这解释了 Zr 和 Cu 合金化界面的黏附功显著降低的原因。当 Cr、W 原子取代界面处的一个 Fe 原子时，如图 5.11 (d) 和 (e) 所示，电荷分布发生较大的变化。在铁素体侧的 Cr 和 W 原子附近，存在更大的电荷贫化区，说明界面处的 Cr、W 和 C 原子之间形成更强的非极性共价键。此外，界面完全弛豫后铁素体侧的 Cr 原子和 NbC 侧的第一层 C 原子的距离变得更短，这揭示了 Cr 合金化的 ferrite(100)/NbC(100) 界面具有最高结合强度的原因。

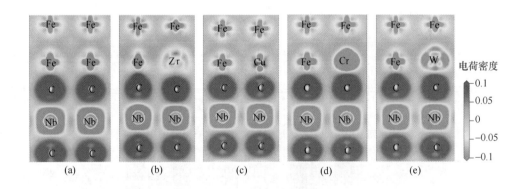

图 5.11　合金元素置换前后的 ferrite/NbC 界面的(010)面的差分电荷密度

为了进一步理解界面处原子的电子转移情况，本节对上述界面的原子进行布局分析，因为它可以半定量地测量电荷转移[193]。界面合金化前后的合金原子 X 及其最邻近的 C 原子布局分析结果见表 5.6。可以看出，ferrite/NbC 界面引入合金后，界面处原子间的相互作用和电荷转移均发生显著的变化。当 Cr、W、Mo、

V 和 Ti 引入界面后，这些原子失去的电荷分别为 1.12e、0.84e、0.54e、0.33e 和 0.28e，均比干净界面 Fe 失去的电荷（0.05e）要多，且相应的 C 原子得到的电荷也更多。这表明了这些原子产生了可以吸引 C 离子的强大正电场。因此 Cr、W、Mo、V、Ti 和 C 之间的相互作用比干净界面的 Fe 和 C 作用要强。此外，在这些合金元素引入的界面中，Cr 合金化界面 Cr 和最邻近 C 原子的相互作用最强，因而具有最好稳定性，和上述分析的结果一致。这也进一步解释了界面处的 Cr、W、Mo、V 和 Ti 能够有效促进铁素体在 NbC 表面上的形核。

表 5.6　合金元素 X 合金化前后界面的 C 原子和 X 原子的布局分析

X 原子	总电荷/e	转移电荷量/e	C 原子	总电荷/e	转移电荷量/e
Fe	7.95	0.05	C	4.74	−0.74
Cr	12.88	1.12	C	5.01	−1.01
Mn	14.89	−0.11	C	4.73	−0.73
W	13.16	0.84	C	4.93	−0.93
Mo	13.46	0.54	C	4.82	−0.82
Zr	11.98	0.02	C	4.74	−0.74
V	12.67	0.33	C	4.79	−0.79
Ti	11.72	0.28	C	4.77	−0.77
Cu	11.44	−0.44	C	4.72	−0.72
Ni	10.08	−0.08	C	4.72	−0.72

5.3.5　异质形核分析

根据 5.2.5 小节中式（5.5），本节也计算了 ferrite/NbC 界面合金化前后的界面能，其结果被列于表 5.5 和图 5.12。可以看出，与未合金化的界面相比，Mn、Zr、Cu 和 Ni 引入界面后的界面能变得更大，因此它们将会降低 ferrite/NbC 界面的稳定性；然而，Cr、W、Mo、V 和 Ti 引入的界面能变得更低，说明 Cr、W、Mo、V 和 Ti 可以提高 ferrite(100)/NbC(100) 界面稳定性，和上述黏附功的分析结果一致。因此，通过对比发现，和干净的界面相比，Mn、Zr、Cu 和 Ni 合金化体系的界面能升高且黏附功降低，表明了这些合金元素会减弱铁素体在 NbC 上的形核能力。然而，Cr、W、Mo、V 和 Ti 合金元素进入界面后其界面能均降低，因此，界面处的 Cr、W、Mo、V 和 Ti 能够有效地促进铁素体形核和细化铁素体晶粒。

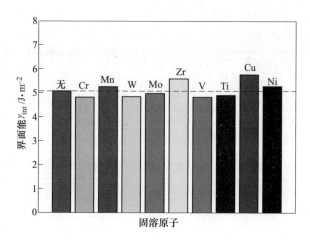

图 5.12   合金原子加入 ferrite(100)/NbC(100)界面前后的界面能

5.4   本章小结

基于第一性原理方法，本章计算了 ferrite/TiC 界面和 ferrite/NbC 界面合金化前后的结合强度，界面能和电子性质，以研究它们对铁素体在 TiC 表面形核能力的影响，并得出以下结论：

（1）对于 ferrite/TiC 界面，Zr、V、Cr、Mn、Mo、W 和 Nb 取代的界面具有负的偏聚能，它们比较容易偏聚到铁素体里面，而 Y 原子很难分配并偏聚到界面；对于 ferrite/NbC 界面，Cr、Mo、V 和 Ti 比较容易偏聚到铁素体里面，而 Mn、W、Zr、Cu 和 Ni 难以偏聚于此界面。

（2）对于 Fe/TiC 界面，Y 和 Zr 取代界面处的 Fe 原子后将会显著降低 Fe/TiC 界面的结合强度，而 Cr、Mn、W、Mo 和 V 合金化的界面，其黏附功比合金化前的界面要大，提高了界面的黏附强度；对于 Fe/NbC 界面，Cr、W、Mo、V 和 Ti 将会显著提高 Fe/NbC 界面的结合强度，和界面能的分析结果比较吻合。

（3）对于 Y、Zr 合金化的 ferrite/TiC 以及 Zr、Cu 合金化的 ferrite/NbC 界面，其界面处的 Fe 原子存在电荷贫化区，且 Y、Zr 和 Cu 原子失去的电荷数要比 Fe 少，即界面处的 Y、Zr、Cu 原子和 C 原子的相互作用变弱；然而 Cr 和 C 原子之间形成了很强的非极性共价键，提高了界面的结合强度。

（4）和干净的界面相比，Zr 合金化体系的界面能升高且黏附功降低，减弱铁素体在 TiC 和 NbC 上的形核能力。Mo、W 和 V 合金元素进入界面后，其界面能均降低，即能够有效地促进铁素体形核和细化晶粒。

6 Mo 对 Nb 钢的微观组织及 NbC 析出行为的影响

6.1 概述

Nb 是一种强碳化物形成元素，可通过在钢基体中以固溶或碳氮化物析出的方式来强化基体，因而被广泛地应用于结构钢、工具钢、耐火钢等领域[194,195]。为了获得更高的细晶强化、沉淀强化增量，通常将 Nb-Mo 复合合金元素加入钢中，以实现各元素的优势互补作用。Cao 等人[53]发现 Nb-Mo 微合金钢的碳化物较 Nb-Ti 微合金钢的要更多更细，因而 Nb-Mo 钢的沉淀强化产生更高的屈服强度增量。Wang 和 Jang 等人[13,196]也报道了 Mo 能够显著地细化（Ti,Nb）C 并可以抑制碳化物的粗化。然而，人们对 Mo 抑制 NbC 粗化的微观机理，以及 Mo 进入 NbC 晶格后形成的（Nb,Mo）C 与铁素体基体的微观界面性质尚未清楚，这些问题的解析对改善 Nb-Mo 微合金化钢性能具有重要意义。

由于实验条件的限制和有关热力学数据的不足，Nb-Mo 钢中 Mo 对碳化物析出以及铁素体在该颗粒上的异质形核行为可用第一性原理来研究[197]。第 3 章的3.3.2 节和第 5 章的 5.3.3 节的计算结果表明，Mo 不仅能提高 NbC 吸附 Fe 的能力，而且可降低 NbC-铁素体界面的界面能。然而，Mo 进入 NbC 后形成的复合碳化物（Nb,Mo）C 和铁素体基体的微观界面性质的相关研究也需进一步研究。因此，为了揭示 Mo 对铁素体中 NbC 析出及其细化组织的影响机制，本章首先利用第一性原理计算了（Nb,Mo）C/α-Fe 的界面能，从电子层次解释 Mo 对 NbC 析出行为的影响机理；另外，采用了离散点阵平面/最近邻断键（DLP/NNBB）模型方法计算（Nb,Mo）C/α-Fe 的界面能，以研究 Fe、Nb、Mo 和 C 之间键能的影响；最后，设计了铁素体区的等温析出实验，对添加 Mo 前后钢中 NbC 的析出行为和微观组织进行表征。

6.2 α-Fe/（Nb,Mo）C 界面的理论计算

6.2.1 α-Fe/（Nb,Mo）C 界面的第一性原理计算

本节将采用 CASTEP 软件包进行第一性原理计算。计算过程中采用自治场（SCF）方法来求解 Kohn-Sham 方程，采用超软赝势描述原子核和电子的相互作用，采用 GGA-PBE 泛函来进行描述电子的交换-相关作用。本节所有计算在倒

易空间上进行，第一布里渊区积分采用 Monkhorst-Pack 方案形成的特殊 k 点方法。对于所有的表面和界面模型，k 点的网格划分为 10×10×1。考虑到 bcc-Fe 具有铁磁性，故计算中采用自旋极化模拟体系的电子结构，最大的平面波截断能量为 500eV，收敛条件是自洽计算的最后两个循环能量之差（以原子计）小于 1×10^{-5}eV，作用在每个原子上的力不大于 0.3eV/nm，内应力不大于 0.03GPa。

铁素体基体（α-Fe 相）和 NbC 碳化物（ξ 相）遵从 Baker-Nütting 关系：α-Fe（100）//NbC（100），由于 Fe-C 的键能高于 Fe-Nb 和 Fe-Mo 的键能，故建立界面时 Fe 原子直接位于 C 原子的正上方[198]。图 6.1 所示为 α-Fe/NbC 界面系统的超晶胞结构以及不同成分的（Nb, Mo）C 原子结构，每个界面系统包括 8 个原子层的 Fe 和 4 个原子层的 NbC。其中，界面中距离 Nb 或 Mo 原子最近邻的 Fe 定义为 1NNFe，次近邻的 Fe 为 2NNFe，如图 6.1（a）所示。计算时考虑了垂直界面方向（<001>方向）晶格常数所引起的总能变化；对于每个晶胞常数的界面，通过体相 Fe 以及体相（Nb, Mo）C 总能的叠加可获得最小总能，而界面中 Fe 和（Nb, Mo）C 层之间的层间距利用最小总能法来确定。界面能（σ）可通过下列关系式求出：

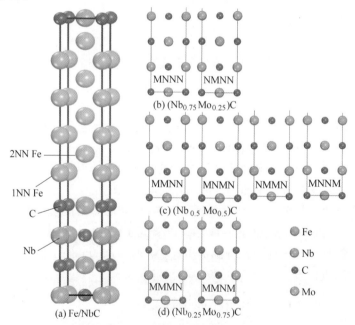

图 6.1　超晶胞结构和原子构型

（图中 M 和 N 分别代表 Mo 和 Nb 原子，$(Nb_{1-x}Mo_x)$C 堆垛顺序是由上至下的）

（a）具有 8 个 Fe，4 个 Nb 和 4 个 C 原子 Fe/NbC 界面的超晶胞结构；（b）$(Nb_{0.75}Mo_{0.25})$C 原子构型；

（c）$(Nb_{0.5}Mo_{0.5})$C 原子构型；（d）$(Nb_{0.25}Mo_{0.75})$C 原子构型

$$\sigma = \frac{E_{Fe/TMC} - E_{Fe,bulk} - E_{TMC,bulk}}{2A} \tag{6.1}$$

式中，A 为界面面积；$E_{Fe/TMC}$ 为界面系统的总能量；$E_{Fe,bulk}$ 和 $E_{TMC,bulk}$ 分别为具有界面系统相同晶胞参数的体相 Fe 和过渡金属碳化物 TMC 的总能量。

具有面心立方结构的 $(Nb_{1-x}Mo_x)C$ 碳化物与 α-Fe 通常具有 Baker-Nutting 取向关系[199]：$(100)_{(Nb_{1-x}Mo_x)C}//(100)_\alpha$，$[010]_{(Nb_{1-x}Mo_x)C}//[110]_\alpha$，则 $(Nb_{1-x}Mo_x)C$ 与铁素体之间的错配度 (δ) 可通过式 (6.2) 计算[199]：

$$\delta = \left| \frac{a_{(Nb_{1-x}Mo_x)C} - a_\alpha}{a_{(Nb_{1-x}Mo_x)C}} \right| \tag{6.2}$$

式中，$a_{(Nb_{1-x}Mo_x)C}$ 和 a_α 分别为 $(Nb_{1-x}Mo_x)C$ 和铁素体的晶格常数。

6.2.2 α-Fe/(Nb,Mo)C 界面能的数学模型计算

离散点阵平面/最近邻断键（DLP/NNBB）模型可以用来计算相晶界的化学界面能，该方法起源于 Becker 模型，自从平面的最近邻键数目可用更为简便方法求解后，DLP/NNBB 方法可用于两元或者三元系统的共格界面能[200]。对于铁素体中的碳化物（ζ），因 Fe—C 键和 Fe—M 键的键能相差较大，故 α-Fe/ζ 界面区域的厚度很小。所以熵对界面的贡献很小，则界面区溶质的浓度可认为一个常数。因此，界面能可由界面和体相中结合能的差值求出[201]，即：

$$\sigma = E_{\alpha/\xi} - \frac{1}{2}(E_{\alpha/\alpha} + E_{\xi/\xi}) \tag{6.3}$$

式中，$E_{\alpha/\xi}$ 表示 α/ξ 界面区的总键能；$E_{\alpha/\alpha}$ 和 $E_{\xi/\xi}$ 分别为铁素体和碳化物晶体中平行于界面的平面总键能。

因此，$E_{\alpha/\xi}$，$E_{\alpha/\alpha}$ 和 $E_{\xi/\xi}$ 可分别由下列关系式求出：

$$E_{\alpha/\zeta} = n_s \sum_{\theta=1}^{2} \sum_{i,k=1}^{2} Z^{(\theta)} e_{ik}^{\sigma(\theta)} y_i^\alpha y_k^\xi + n_s \sum_{\theta=1}^{2} \sum_{i=1}^{2} Z'^{(\theta)} e_{i3}^{\sigma(\theta)} y_i^\alpha y_3^\xi \tag{6.4}$$

$$E_{\alpha/\alpha} = n_s \sum_{\theta=1}^{2} \sum_{i,k=1}^{2} Z^{(\theta)} e_{ik}^{\alpha(\theta)} y_i^\alpha y_k^\alpha \tag{6.5}$$

$$E_{\xi/\xi} = n_s \sum_{\theta=1}^{2} \sum_{i,k=1}^{2} Z^{(\theta)} e_{ik}^{\xi(\theta)} y_i^\xi y_k^\xi + (n_s + n_s') \sum_{\theta=1}^{2} \sum_{i=1}^{2} Z'^{(\theta)} e_{i3}^{\xi(\theta)} y_i^\xi y_3^\xi \tag{6.6}$$

式中，n_s 和 n_s' 分别为每单位界面积中置换亚点阵和间隙亚点阵的原子位数；y_i^ν 为 i 原子在 $\nu(\nu = \alpha、\xi)$ 相亚点阵中的浓度；$i = 1$、2、3 分别代表 Fe、M、I 原子；$e_{ik}^{\nu(\theta)}$ 表示 i 原子和 k 原子之间的键能，上标 $\theta(\theta = 1$ 和 $2)$ 代表最近邻和次近邻的键能，上标 $\nu = \sigma$ 表示界面区的化学键。根据紧束缚理论，ξ 相中的 I—I 之间相互作用对过渡金属碳化物的总结合能贡献很小，因此可以忽略不计。$Z^{(\theta)}$ 和 $Z'^{(\theta)}$ 分别表示第 j 原子层中最邻近金属-金属原子和非金属-金属原子的总配位数，其

定义分别如下：

$$Z^{(\theta)} = \sum_{j=1}^{j_{max}} j\,Z^{(\theta)} \quad \text{和} \quad Z'^{(\theta)} = \sum_{j=1}^{j_{max}} j'\,Z'^{(\theta)} \tag{6.7}$$

根据 DLP 模型[202]，单位界面积的原子位数 n_s 和 n_s' 可由下列关系式求出：

$$n_s = n_\nu\,d_{hkl} \quad \text{和} \quad n_s' = n_\nu'\,d_{hkl} \tag{6.8}$$

式中，$n_\nu = n_\nu' = 2/a_\sigma^3$ 为单位体积置换原子数，且 $a_\sigma = (a_\alpha + a_\xi/\sqrt{2})/2$，$a_\alpha$ 和 a_ξ 分别为铁素体和碳化物的晶格常数；h、k、l 为相界面晶面指数；d_{hkl} 为（hkl）平行晶面之间的距离，d_{hkl} 可由下列关系式求出，

$$\begin{cases} d_{hlk} = \dfrac{1}{2}\,d' & \text{当 } h,k,l \text{ 不都为偶数时} \\[2mm] d_{hlk} = d' & \text{当 } h,k,l \text{ 均为偶数时} \end{cases} \tag{6.9}$$

其中，$d' = a_\sigma/[\overline{m}]$；$[\overline{m}] = (h^2 + k^2 + l^2)^{1/2}$。

界面的配位数可以通过矢量方法求出，如图 6.2 所示，P_m 定义为从原子 A 到最邻近原子的位置矢量，则 P_m 在（hkl）平面的单位法向量的投影可被平面间距 d_{hlk} 分为：

$$j = \frac{P_m n}{d_{hlk}} \quad \text{和} \quad j' = \frac{P_m' n}{d_{hlk}} \tag{6.10}$$

式中，j（或 j'）分别指第 m 层金属原子（或非金属原子）所在的原子层数，值得注意的是最近邻的原子层数 j 具有相同的界面配位数。对于最近邻和次近邻的金属－金属原子之间，P_m 分别为 $a<111>/2$（$m=1\sim8$）和 $a<100>/2$（$m=1\sim6$），a 为晶格常数；对于最近邻和次近邻的非金属－金属原子之间，P_m' 分别为 $a<110>/2$（$m=1$，2）和 $a<100>/2$（$m=1\sim4$）。根据上述方法计算出来的 Z_j 和 Z_j' 见表 6.1。

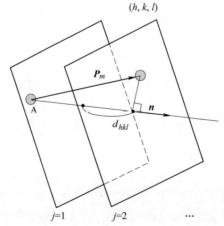

图 6.2　基于矢量方法求界面配位数的示意图

表 6.1 铁素体/碳化物界面中截面上的金属-金属以及非金属-金属之间的配位数

金属-金属原子										
(hkl)	最近邻					次近邻				
	Z_0	Z_1	Z_2	Z_3	Z_4	Z_0	Z_1	Z_2	Z_3	Z_4
100	0	4	—	—	—	4	0	1	—	—
110	4	2	—	—	—	2	2			
111	0	3	0	1	—	0	0	3		

金属-非金属原子										
(hkl)	最近邻					次近邻				
	Z'_0	Z'_1	Z'_2	Z'_3	Z'_4	Z'_0	Z'_1	Z'_2	Z'_3	Z'_4
100	2	0	—	—	—	0	2	—	—	—
110	2	0	—	—	—	2	0	—	—	—
111	0	1	1	—	—	2	0	1	—	—

由式 (6.3)~式 (6.6) 可得出下列关系式:

$$\sigma = n_s \sum_{\theta=1}^{2} \sum_{i,j=1}^{2} Z^{(\theta)} \left[e_{ij}^{\sigma(\theta)} y_i^\alpha y_j^\xi - \frac{1}{2}\left(e_{ij}^{\alpha(\theta)} y_i^\alpha y_j^\alpha + e_{ij}^{\xi(\theta)} y_i^\xi y_j^\xi\right) \right] +$$

$$n_s \sum_{\theta=1}^{2} \sum_{i=1}^{2} Z'^{(\theta)} \left(e_{i3}^{\sigma(\theta)} y_i^\alpha - e_{i3}^{\xi(\theta)} y_i^\xi \right) y_3^\xi \tag{6.11}$$

假设 α-Fe 相为纯 Fe 且 ξ 相内没有 Fe 原子，则 $y_2^\alpha = y_3^\alpha = 0$ 且 $y_1^\xi = 0$, $y_2^\xi = 1$, 因此式 (6.11) 可简化为:

$$\sigma = n_s \sum_{\theta=1}^{2} Z^{(\theta)} \left(e_{12}^{\sigma(\theta)} - \frac{e_{11}^{\alpha(\theta)} + e_{22}^{\xi(\theta)}}{2} \right) + n_s \sum_{\theta=1}^{2} Z'^{(\theta)} \left(e_{13}^{\sigma(\theta)} - e_{23}^{\xi(\theta)} \right) y_3^\xi$$

$$= n_s \left(\Delta e^{(\theta)} \sum_{\theta=1}^{2} Z^{(\theta)} + \Delta e'^{(\theta)} \sum_{\theta=1}^{2} Z'^{(\theta)} y_3^\xi \right) \tag{6.12}$$

式中, $\Delta e^{(\theta)}$ 和 $\Delta e'^{(\theta)}$ 分别代表 Fe-M(M=Nb、Mo) 和 M-C 的相互作用对界面能 σ 的贡献，其可定义如下:

$$\Delta e_{Fe\text{-}M} = e_{Fe\text{-}M} - \frac{1}{2}\left(e_{Fe\text{-}Fe} + e_{M\text{-}M}\right) \tag{6.13}$$

$$\Delta e'_{M\text{-}C} = e_{Fe\text{-}C} - e_{M\text{-}C} \tag{6.14}$$

式中, $e_{A\text{-}B}(A, B=Fe, M, C)$ 为原子 A 和原子 B 之间的键能，其中 $\Delta e_{Fe\text{-}M}$ 可由铁素体的正规溶液常数求出:

$$\Delta e_{Fe\text{-}M} = \frac{L}{12N_{av}} \tag{6.15}$$

式中, L 为 Fe 或 M 的混合焓; N_{av} 为阿伏伽德罗常数。

而 M—C 键能可由相应化合物的形成焓计算出来：

$$e_{Fe-C} = \frac{H_{Fe} + H_C + \Delta H_f^{FeC}}{N_{av}Z'} \quad 和 \quad e_{M-C} = \frac{H_M + H_C + \Delta H_f^{MC}}{N_{av}Z'} \tag{6.16}$$

式中，H_{Fe}（或 H_M）为 Fe（或 M）的熔化焓；H_C 为 C 的升华焓；ΔH_f^{FeC}（或 ΔH_f^{MC}）为 FeC（或 MC）的形成焓。

表 6.2 所列为计算出来的 Δe_{Fe-M} 和 $\Delta e'_{M-C}$（M=Nb、Mo）键能。

表 6.2   计算出来的 Fe—M 和 M—C 键能

合金元素	$\Delta e_{Fe-M}/J$	$\Delta e'_{M-C}/J$
Nb	0.02×10^{-20}	12.6×10^{-20}
Mo	0.10×10^{-20}	3.9×10^{-20}

6.2.3   计算结果与分析

根据式（6.1）和式（6.2）的计算方法，不同 Mo 原子占位浓度的（Nb，Mo）C 与 α-Fe 之间的错配度如图 6.3（a）所示；具有不同原子结构的 α-Fe/(Nb,Mo)C 的界面能如图 6.3（b）所示，对于同一浓度 Mo 的（Nb,Mo）C 碳化物，原子堆垛顺序对其界面能会产生一定的影响，所以图中用实线连接具有最低界面能结构的（Nb,Mo）C。由图 6.3（a）可以看出，随着 Mo 浓度的增加，（$Nb_{1-x}Mo_x$）C 与 α-Fe 之间的错配度逐渐减小，即（Nb,Mo）C 与 α-Fe 界面的稳定性逐渐增加，与前人得出的结论一致[15,203]。

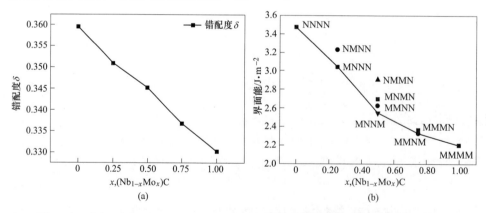

图 6.3   不同 Mo 原子占位浓度的(Nb,Mo)C 与 α-Fe 之间错配度的关系(a)和具有不同原子结构的 α-Fe/(Nb,Mo)C 界面的界面能(b)

由图 6.3（b）可知，Mo 原子的占位浓度及其取代位置对界面能均会产生较大的影响。通过对比发现，α-Fe/(Nb,Mo)C 的界面能 σ 随着 Mo 浓度的升高而降低。当 Mo 取代 NbC 中的 25%Nb 时，具有 MNNN 结构的界面能 σ 要比 NMNN 结构的值要低；当 Mo 取代 NbC 中的 50%Nb 时，四种不同界面结构的界面能 σ 由小到大的顺序为 MNNM<MMNN<MNMN<NMMN，说明了偏聚于界面的 Mo 有利于降低 σ，其中 MNNM 结构具有最低的 σ。当 Mo 取代 NbC 中的 75%Nb 时，Mo 偏聚于界面时具有相对低的界面能。总之，Mo 进入 NbC 后能提高 NbC 的形核能力。另外，实验观察表明，在形核早期且析出物较小时，Mo 在（Nb,Mo）C 或（Nb,V,Mo）C 碳化物中有较高的占位分数[13,204]，然而，随着 MC 型碳化物的长大、粗化，析出动力学趋近于平衡时，碳化物中 Mo 的占位分数会降低[205]。

根据上述的 DLP/NNBB 模型和第一性原理方法，分别计算了不同 α-Fe/(Nb,Mo)C 结构的界面能，结果如图 6.4 所示，另外，此两种方法计算 γ-Fe/(Nb,Mo)C 的结果也列于图中以做对比。图 6.4 的计算结果表明，随着 Mo 原子取代浓度的增大，（Nb,Mo）C 和 α-Fe 或 γ-Fe 的界面能 σ 均不断降低。如表 6.2 所示，M-C（$\Delta e'_{M-C}$）对界面能的贡献比 Fe-M（Δe_{Fe-M}）要大，因而 σ 主要取决于 $\Delta e'_{M-C}$。其中 $\Delta e'_{Nb-C}$ 的值为 12.6×10^{-20} J，约为 $\Delta e'_{Mo-C}$ 的 3 倍，故 α-Fe/NbC 和 γ-Fe/NbC 的界面能高于 α-Fe/MoC 和 γ-Fe/MoC 的界面能。另一方面，由于 $\Delta e'_{Mo-C}(e_{Fe-C}-e_{Mo-C})$ 的值小于 $\Delta e'_{Nb-C}$，则 e_{Mo-C} 相对于 e_{Nb-C} 更接近 e_{Fe-C} 的值，所以 C p 轨道的电子更容易转移到邻近 Fe d 轨道，进而促进界面 Fe 和 C 原子的杂化。另外，Mo d 轨道本身也会和邻近 Fe 原子产生杂化作用。因此，Mo 取代 NbC 晶格中的 Nb 原子后，其形成的复合碳化物和铁素体或奥氏体的界面能均被不同程度地降低。

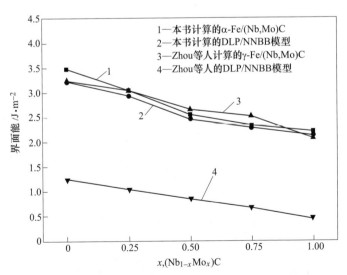

图 6.4 第一性原理和 DLP/NNBB 模型计算出来的 α-Fe/（Nb,Mo）C、α-γ/（Nb,Mo）C 界面能和 Mo 浓度之间的关系

　　另外，对于 α-Fe/(Nb,Mo)C 界面，本节中 DLP/NNBB 模型的计算结果略小于第一性原理计算的结果，然而 Zhou 等人[198] 利用 DLP/NNBB 模型计算 γ-Fe/(Nb,Mo)C 的界面能时，得出的数值明显小于第一性原理计算的结果，其原因主要归功于 DLP/NNBB 模型的计算方法。他们计算时只考虑了最近邻原子之间的相互作用，然而图 6.5 的 PDOS 显示 Mo 和远离界面的 2NNFe 也会产生明显的杂化作用，即在计算界面能时也需要考虑次近邻原子之间的相互作用，因为非最近邻原子之间的相互作用也会导致界面能的降低。本节计算中同时考虑到了最近邻和次近邻原子的作用，得出的结果和第一性原理计算结果基本吻合。但是，无论采用哪一种方法计算，界面能 σ 随着 Mo 浓度的增大而减小的趋势却完全一致。

　　为了更深层次解析 Mo 对 α-Fe/(Nb,Mo)C 界面能的影响，计算了不同界面体系的投影态密度（projected density of states，PDOSs）。本节选择几个比较有代表性的 NNNN、MNNM 和 MMNM 界面为研究对象，并对这些界面上 Nb(Mo)、1NNFe、2NNFe d 轨道电子以及 C 2p 轨道电子进行计算和分析，其结果如图 6.5 所示。对于 α-Fe/NbC（即 NNNN）界面，界面的 Nb 和 C 原子在 −4.1eV，−5.0eV、−5.9eV 和 −6.8eV 处出现明显的电子峰，即产生了轨道杂化作用（见图 6.5（a））；然而 Nb 与 1NNFe（或 2NNFe）或者 C 与 1NNFe（或 2NNFe）之间均未产生明显的杂化峰，仅 Nb d、C p 和 1NNFe d 在 −1.2eV 附近产生较弱的作用。当 Mo 取代 NbC 中的一半 Nb 时，如图 6.5（b）所示，界面之间原子的相互作用变得更强，一方面，Mo d，C p 和 2NNFe d 在 −1.6eV 出现杂化峰，致使 Mo—C、Fe—C 共价键和 Fe—Mo 金属键的形成；另一方面，Mo、C、1NNFe 和 2NNFe 在 −3.0~0eV 范围内也产生一定的杂化作用，因此 α-Fe/(Nb$_{0.5}$Mo$_{0.5}$)C 界

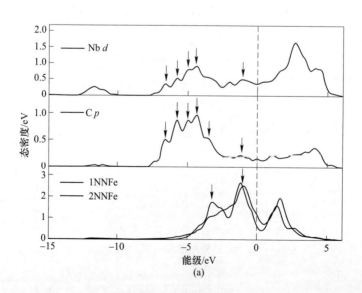

(a)

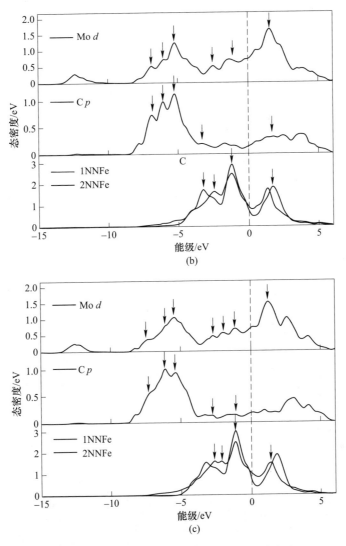

图 6.5　不同界面弛豫后的界面原子投影态密度

（虚线表示费米能级）

（a）NNNN；（b）MNNM；（c）MMNM

面比 α-Fe/NbC 界面具有更高的稳定性。随着 Mo 浓度进一步的增加，不仅增强了 Mo 和 1NNFe 的杂化作用，而且促进了 Mo 和 1NNFe，C 之间的电子作用，因而进一步提高了其稳定性。因此可以推断，Mo 取代 NbC 晶格中的 Nb 时可以促进界面原子之间的轨道杂化，进而降低界面能 σ，与图 6.4 的分析结果比较一致。

6.3　Mo 对 NbC 在铁素体区析出行为的实验结果与分析

6.3.1　Mo 对显微组织的影响

图 6.6 所示为 3 个不同试样在不同保温时间下的 OM 像。可见，所有的试样组织主要为铁素体和少量珠光体。然而它们之间又有所差别，与 Nb 钢（S1）相比，Nb-Mo 钢（S2 和 S3）的晶粒尺寸更为细小；另一方面，Nb-Mo 钢组织中的珠光体较 Nb 钢多，这可能是因为 Mo 元素具有较强的可硬化性，从而降低了铁素体转变，在冷却过程使得剩余的未转变奥氏体进一步分解为片状珠光体[206]。另外，针对同一成分的试样，随着保温时间的延长，晶粒尺寸变得更粗大，但是 Nb-Mo 钢的粗化程度较 Nb 钢小。

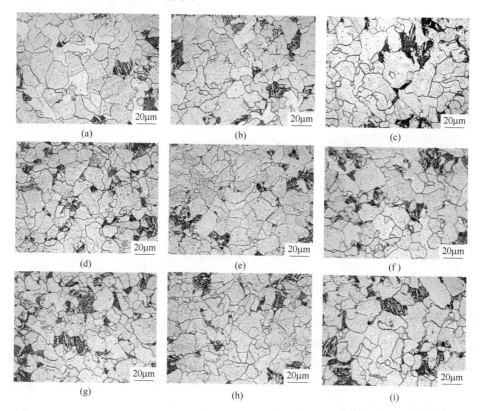

图 6.6　Nb 钢（a~c），Nb-15Mo 钢（d~f）和 Nb-25Mo 钢（g~i）在不同保温时间下的 OM 像
(a), (d), (g) 5min; (b), (e), (h) 60min; (c), (f), (i) 120min

图 6.7 所示为利用截线法测出的试样在不同保温时间下的平均晶粒尺寸。由图可以看出，Nb 钢、Nb-15Mo 钢和 Nb-25Mo 钢在保温 5min 后的平均晶粒尺寸分别为 16.6μm、12.8μm 和 11.4μm，即 Nb 钢的平均晶粒大小比 Nb-Mo 钢的要大；

然而随着保温时间的增加，此 3 个钢种的晶粒大小出现不同程度的增大，与图 6.6 分析的结果比较一致。试样在 700℃保温 5min 下的 SEM 像如图 6.8 所示。由图可知，三种成分的组织均为大量的多边形铁素体和少量的珠光体，且基体中均有呈白色点状的析出相。

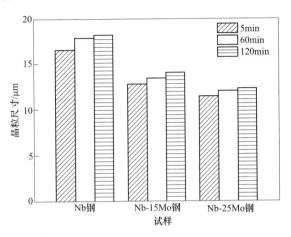

图 6.7　试样在不同保温时间下的平均晶粒尺寸

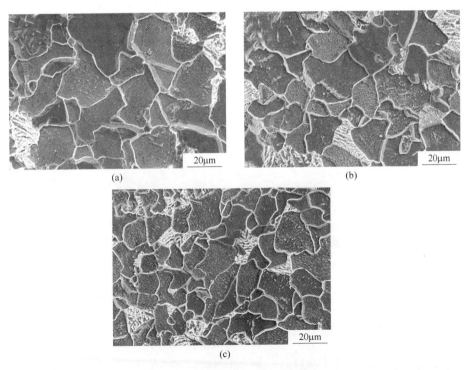

图 6.8　试样保温 5min 后的 SEM 像

（a）Nb 钢；（b）Nb-15Mo 钢；（c）Nb-25Mo 钢

　　图 6.9 所示为 Nb 钢、Nb-15Mo 钢和 Nb-25Mo 钢在 700℃保温 5min 下的 EBSD 像（图中定义界面取向差 $\theta \geqslant 15°$ 为大角度晶界，$2 \leqslant \theta < 15°$ 为小角度晶界）。图 6.9 中黑色线条代表大角度晶界，通常可表示钢材组织的有效晶粒尺寸。通过 EBSD 统计得出 Nb 钢、Nb-15Mo 钢和 Nb-25Mo 钢保温 5min 后的有效晶粒尺寸分别为 14.49μm、11.39μm 和 10.66μm，可见钢中 Mo 的添加能够显著细化铁素体晶粒，然而随着 Mo 的增加其细化效果不太明显。图中红色线条表示的小角度晶界，其通常包含一定的位错[207]。根据文献 [6] 的方法可通过 EBSD 的相关数据得出界面密度和界面取向差的关系，如图 6.10 所示。可以看出，两种 Nb-Mo 钢的小角度晶界密度均要大于 Nb 钢，即 Nb-Mo 钢中的位错密度更高，有利于钢的强化；通过对比还可以发现，Nb-25Mo 钢的小角度晶界密度较 Nb-15Mo 钢的大，因而 Mo 的含量也会影响钢中的位错密度。

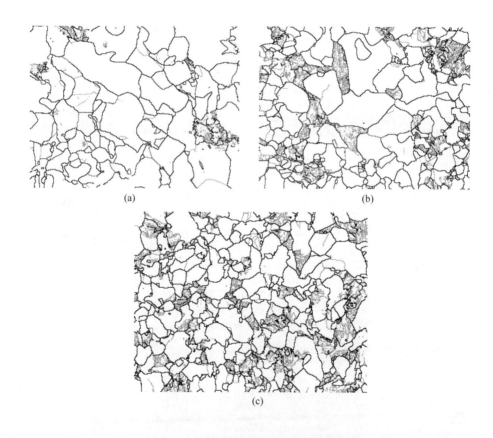

(a)　　　　　　　　　　　　　　　　(b)

(c)

图 6.9　试样保温 5min 后的 EBSD 像

(a) Nb 钢；(b) Nb-15Mo 钢；(c) Nb-25Mo 钢

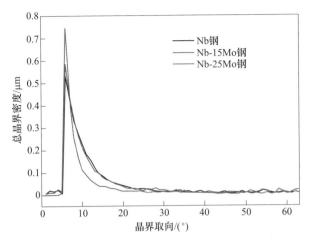

图 6.10 Nb 钢、Nb-15Mo 钢和 Nb-25Mo 钢的界面密度和界面取向差的关系

6.3.2 Mo 对第二相析出行为的影响

图 6.11 和图 6.12 所示分别为 Nb 钢和 Nb-Mo 钢（即 Nb-15Mo 钢和 Nb-25Mo 钢）保温 60min 后钢中纳米尺寸的析出相形貌及其相应的 EDS 能谱。由图可知，大部分的析出相粒子尺寸在 60nm 以下，且均匀、弥散地分布在碳膜表面。此外，三种钢中的大部分析出相呈球状，然而 Nb 钢中存在少量的方形析出相，且个别颗粒尺寸在 100nm 以上，如图 6.11（a）所示。由图 6.11（b）和（c）中的 EDS 可知，Nb 钢中方形的粒子 1 和圆形的粒子 2 均为 NbC 析出相（EDS 能谱中 Cu 峰由铜网造成）。对于 Nb-15Mo 钢，粒子 1 和粒子 2 均为（Nb，Mo）C 复合析

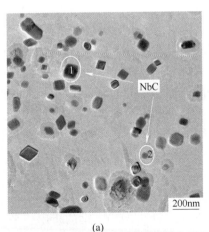

(a)

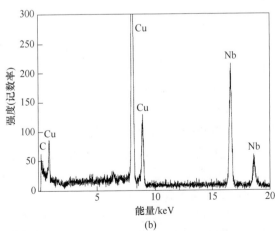

(b)

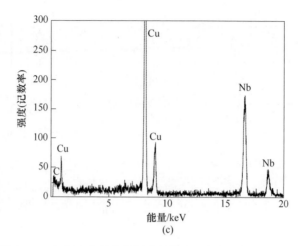

图 6.11　Nb 钢中在铁素体析出的纳米尺度析出物形貌(a)及
图(a)中粒子 1(b)和粒子 2(c)的 EDS 能谱图

出相（见图 6.12（b）和（c）），且尺寸小的粒子 Mo 含量较尺寸大的要高；类似地，Nb-25Mo 钢中析出相也包含一定量的（Nb,Mo)C。图 6.13 所示为各钢样中典型粒子的形貌及其相应的衍射花样（SADP）和能谱，经过测量和计算可知，Nb 钢、Nb-15Mo 钢和 Nb-25Mo 钢中碳化物的晶格常数分别为 0.446nm、0.435nm 和 0.436nm。文献 [53] 通过 XRD 对含 Nb、Mo 热轧态钢中（Nb,Mo)C 粉末样品的点阵常数进行了精确测定，发现 Mo 的进入使得 NbC 的点阵常数有所降低。因此可以推断，Mo 的添加能与钢中的 Nb 形成一定量的（Nb,Mo)C 复合碳化物，有利于改善钢的综合力学性能。

　　对比图 6.11（a）和图 6.12（a）和（d）还可以发现，与 Nb 钢相比，Nb-Mo 钢中的析出相数量显著增多，且析出相的密度也变得更大。当钢中的 Mo 含量由 0.151% 增加到 0.223% 时，析出相的数量和密度稍微有所增大，但效果不是很明显。因此，Mo 的添加不仅能够增大铁素体中纳米尺寸碳化物的析出量，而且 Mo 进入 NbC 后形成的（Nb,Mo)C 粒子更为细小，这些现象显然和 Mo 的添加有关系。

　　为了分析三个不同钢样在保温 60min 后纳米级粒子的尺寸变化趋势，分别统计了 200 个尺寸在 60nm 以下的析出相的尺寸分布，结果如图 6.14 所示。由图可知，三种钢中的尺寸为 20～40nm 的粒子数最多，40～60nm 的析出数量次之，20nm 以下的粒子数最少。经过测量统计，Nb 钢、Nb-15Mo 钢和 Nb-25Mo 钢中析出相的平均尺寸分别为 39.7nm、34.2nm 和 33.6nm，可见 Nb-Mo 钢的析出相平均尺寸较 Nb 钢的小。在 Nb 钢的基础上添加 0.151% Mo 后，尺寸为 1～20nm 和 20～40nm 的析出相的比例分别提高了 3.2% 和 17.7%，且大尺寸粒子（40～

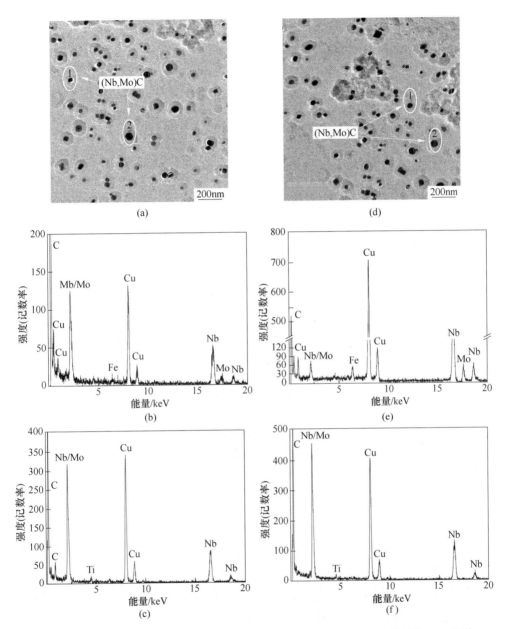

图 6.12 不同试样钢中在铁素体中析出的纳尺度析出物形貌及其相应粒子的 EDS 能谱
(a) Nb-15Mo 钢；(b)，(c) 分别为图 (a) 中粒子 1 和粒子 2 的 EDS 能谱图；
(d) Nb-25Mo 钢；(e)，(f) 分别为图 (d) 中粒子 1 和粒子 2 的 EDS 能谱图

60nm）的比例下降了 20.9%；当将 Mo 含量进一步提高到 0.223% 时，尺寸小的第二相粒子有所增大且尺寸大的析出相所有减少，但效果不是很明显。

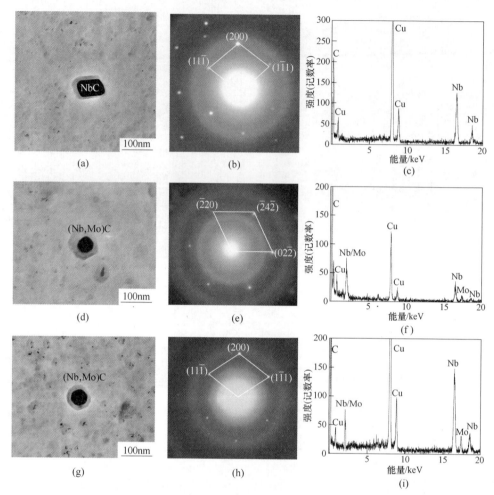

图 6.13 不同试样钢的析出物形貌及其相应粒子的衍射花样 SAPP 和 EDS 能谱
(a) Nb 钢；(b)，(c) 分别为图(a)中粒子的衍射花样 SADP 和 EDS 能谱；(d) Nb-15Mo 钢；
(e)，(f) 分别为图(d)中粒子的 SADP 和 EDS 能谱；(g) Nb-15Mo 钢；
(h)，(i) 分别为图(g)中粒子的 SADP 和 EDS 能谱

由上述分析结果可知，Mo 的添加对铁素体中纳米尺寸析出相的影响较为明显。因此，应就 Mo 对含 Nb 钢中纳米级析出相粗化行为进行更为深入的分析。根据 TEM 的观察结果可知，纳米级碳化物（Nb,Mo）C 的热稳定性要优于 NbC 粒子，经过 60min 的保温回火后仍不易粗化，尺寸更为细小。该现象可通过 Ostwald 的熟化理论[199] 来解释：

$$r_t^n - r_0^n = \frac{k}{RT} V_m^2 cD\gamma t \tag{6.17}$$

式中，r_t 为 t 时刻的平均颗粒大小，该颗粒长大为体积扩散控制粗化；此时 $n=3$；

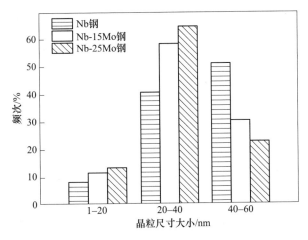

图 6.14　不同试样保温 60min 后析出相的尺寸分布

V_m 为析出物的摩尔分数；c 为铁素体基体和析出物达到平衡时溶质的浓度；D 为溶质的扩散系数；γ 为析出物与铁素体基体的界面能[192]。

　　由上述的第一性原理和数学模型的计算结果可知，Mo 进入 NbC 晶格后能降低 α-Fe/MC 的界面能，根据式（6.17）可知，在粒子粗化过程中，粒子 r_t^3 与析出相-铁素体的界面能呈线性关系，因此，Mo 能够有效地抑制细小的（Nb，Mo）C 析出相长大。

6.3.3　结果与讨论

　　上述实验结果显示，Nb-Mo 钢的晶粒尺寸比 Nb 钢的要小，且 Nb 钢、Nb-15Mo 钢和 Nb-25Mo 钢的晶粒大小随保温时间的增加呈现不同程度的粗化（见图 6.6 和图 6.7）。然而向 Nb 钢中添加一定量的 Mo 后，能在一定程度上细化铁素体晶粒并能抑制它的长大，这可能是由于 Mo 能缩短铁基体中碳化物析出的孕育时间，促进钢中碳化物的析出[192]，不但可以通过其钉扎作用阻止铁素体组织的长大，而且钢中析出的（Nb，Mo）C 复合碳化物比纯 NbC 具有更强的诱导铁素体形核能力。

　　表 6.3 所列为 Nb-Mo 钢中典型析出相的各合金元素的质量分数，可以看出 Nb-15Mo 和 Nb-25Mo 钢中析出相含有（Nb，Mo）C 复合碳化物，且小粒子中的 Mo 含量较大粒子的要高，和 Enloe[197] 观察到的结果一致，其中尺寸小的析出相化学式接近（Nb$_{0.75}$Mo$_{0.25}$）C，上述的第一性原理计算表明了（Nb$_{0.75}$Mo$_{0.25}$）C/α-Fe 的界面能要比 NbC/α-Fe 的界面能要低，即 Mo 的添加能促进铁素体的形核，实验和计算的结果得到了相互验证。同样地，Chen 等人[206] 通过实验观察发现，Ti-Nb-Mo 钢的铁素体晶粒尺寸（1.5μm）明显比 Ti-Nb 钢的晶粒尺寸（4.6μm）要

小，当保温时间由 3min 延长到 180min 时铁素体组织也发生一定的粗化，但 Ti-Nb 钢的粗化现象更严重。另外，文献［151，152］研究也表明，向 Nb 钢中添加 Mo 后其铁素体晶粒也变得更加细小，这些结果均与本文的研究结论比较一致。

表 6.3   Nb-15Mo 钢和 Nb-25Mo 钢析出相中各元素的质量分数   （%）

钢 种	大粒子析出相		MC 析出相的分子式	小粒子析出相		MC 析出相的分子式
	Nb	Mo		Nb	Mo	
Nb-15Mo 钢	0.919	0.081	$(Nb_{0.921}Mo_{0.079})C$	0.763	0.247	$(Nb_{0.769}Mo_{0.231})C$
Nb-25Mo 钢	0.887	0.113	$(Nb_{0.89}Mo_{0.11})C$	0.746	0.254	$(Nb_{0.752}Mo_{0.248})C$

此外，Nb-Mo 钢中的纳米级析出相较 Nb 钢中的析出相分布更密，且尺寸更细，如图 6.11 (a)、图 6.12 (a) 和 (d) 所示。其主要原因如下，一方面，Mo 能够进入 NbC 晶格并取代其中的 Nb，其形成的 (Nb,Mo)C 和铁素体基体的界面能变得更小；另一方面，Mo 进入 NbC 中还能降低 MC 与铁素体的错配度（见图 6.3），这两者均能降低碳化物形核的能垒。再者，对于钢中 $(Nb_{1-x}Mo_x)C$ 粒子，随着 Mo 的占位分数的增加，其在铁素体上的临界形核功降低了，且相对形核速率加快[208]，即 Nb-Mo 钢中 (Nb,Mo)C 更易析出，因而 Mo 能促进钢中 NbC 的形核。类似地，Jang 等人[15]研究了 Mo 对 TiC 的稳定性的影响，结果发现 Mo 取代 TiC 中的 Ti 后，(Ti,Mo)C 碳化物和铁素体的界面能较 α-Fe/TiC 的更低，因而 Mo 也能有效地促进 TiC 形核。另外，Zhang 等人[192]研究了 Nb-Mo 复微合金化钢在应力松弛过程奥氏体中碳化物的析出行为，结果表明奥氏体中形成的 (Nb,Mo)C 粒子比 NbC 具有明显的抗粗化能力，因而析出相的粒子更多更细。这些现象也和本节的研究结果比较吻合。

6.4 本章小结

本章首先利用第一性原理研究了 (Nb,Mo)C/α-Fe 界面的电子结构和界面成键特征，同时采用离散点阵平面/最近邻断键 (DLP/NNBB) 模型方法计算 (Nb,Mo)C/α-Fe 的界面能，并设计铁素体区的等温析出实验，对添加 Mo 前后钢中 NbC 的析出行为和微观组织进行表征，解析 Mo 对 NbC 在铁素体中析出和组织的影响，得出以下主要结论：

（1）(Nb,Mo)C 与 α-Fe 之间的错配度随 NbC 中的 Mo 原子占位浓度的增加而减小，且 Mo 能够降低 (Nb,Mo)C 和铁素体的界面能，因而 Mo 能够促进铁素体中 NbC 的形核。

（2）DLP/NNBB 模型计算的 (Nb,Mo)C/α-Fe 界面能和第一性原理得出的结果比较一致。(Nb,Mo)C/α-Fe 界面的电子结构分析表明，Mo 取代 NbC 晶格中的 Nb 后，Mo d、C p 和 2NNFe d 的杂化作用致使 Mo—C、Fe—C 共价键和

Fe—Mo 金属键形成，另一方面，Mo 和 1NNFe、C 之间也呈现一定的电子作用，因而促进界面原子之间的轨道杂化。

（3）与不含 Mo 的 Nb 钢相比，Nb-Mo 钢的晶粒尺寸更细、位错密度更高，且 Mo 含量高的钢效果更为显著。随着保温时间的延长，Nb 钢和 Nb-Mo 钢的晶粒均呈现一定的粗化现象，然而 Mo 的添加能够抑制晶粒的长大。

（4）Mo 的添加能够增大铁素体中纳米尺寸的含 Nb 碳化物的析出量，使得尺寸在 40nm 以下的析出相粒子增多，并且能抑制细小的析出相长大。其中与 Nb 复合析出形成的（Nb,Mo)C 纳米粒子比 NbC 粒子更为细小，和上述的计算结果比较吻合。

7 稀土析出相对钢材力学性能的影响

7.1 概述

高硅钢广泛应用于高速高频电机、高频变压器、扼流线圈等多个领域[1]。然而，钢中夹杂物对钢的性能影响极大，在钢铁工业的发展中，国内外研究者始终十分重视提高钢洁净度的研究[209]。加拿大 Mitchell 和新日铁 Fukumoto 提出"零夹杂钢"的概念[210]，即将钢中夹杂物尺寸控制在 $1\mu m$ 以下，无法用光学显微镜观察到，预示钢的强度和韧性将有大幅度提高。氧化物冶金技术可将钢中的非金属夹杂物变害为利[211]，实现"零夹杂物"的想法。基于氧化物冶金技术，很多研究者还往钢中加入微量的稀土元素，由于其化学性质活泼，极易同钢液中的 O、S 等作用生成稳定、弥散、细小的稀土氧硫复合夹杂物[212]，同样能起到钉扎作用和诱导铁素体的形成，改善钢的综合力学性能。

目前国内外学者对稀土 Ce 和 La 的氧化物冶金的关注较多，主要在稀土的加入量、夹杂物的形成顺序和种类、最佳的夹杂物尺寸、稀土夹杂物诱导铁素体的形成机理以及氧化物冶金效果等方面做了大量研究[213~216]。例如，宋波等人[213,214]报道了添加稀土 La 的 C-Mn 钢存在大量针状铁素体，稀土夹杂物 La_2O_2S 能诱导晶内针状铁素体形核，且 La_2O_2S-MnS 诱导能力强于 La_2O_2S 夹杂。然而，研究者对重稀土钇（Y）的氧化物冶金的研究较少。于彦冲[217]研究了稀土钇对 EH36 船板钢的微观结构和夹杂物的影响，结果表明钢中 $1\sim4\mu m$ 的 Y_2O_2S 夹杂可有效地诱发铁素体的形成。然而在原子和电子尺度上对 Y_2O_2S 夹杂物诱发铁素体形核机理的研究未有报道，该问题通过传统的实验方法很难进行。本章介绍采用 DFT 方法计算不同终端的 $Fe(111)/Y_2O_2S(001)$ 界面的黏附功和界面能，并分析这些界面的电荷密度、差分电荷密度和态密度等方面的电子性质，从电子和原子角度解析了 Y_2O_2S 细化铁素体的微观机理，并采用实验方法对其进行验证。

7.2 计算方法与细节

本章均采用基于密度泛函理论的 VASP（vienna abinitio simulation package）软件进行计算。采用较准确的 PAW （projected-augmented plane wave）赝势和 GGA-PBE 泛函来分别描述原子核-电子的相互作用和电子的交换-相关作用。计算过程中，采用 Monkhorst-Pack 方法在倒易空间的布里渊区进行取样，几何优化和电子性质计算的 k 点分别为 $10 \times 10 \times 1$ 和 $15 \times 15 \times 1$。计算的平面波截断能、能量收敛标准（以原子计）和力的收敛标准分别为 500eV，10^{-5}eV 和 0.2eV/nm。对于表面和界面结构模型，在沿 Z 轴方向添加 1.5nm 的真空层以消减层间的相互作用。同时采用自旋极化方法对表面和界面体系进行模拟，由于 Y$_2$O$_2$S 中钇和氧原子的强相关作用，我们采用 GGA+U 的方法（$U=4.6$eV，$J=0.3$eV）[218]进行计算以获得更精确的结果。所有表界面结构及其电子性质的可视化均采用 VESTA 软件[219]进行处理。

7.3 Y$_2$O$_2$S(001)和 Fe(111)的表面能

体相 Y$_2$O$_2$S（空间群 P-3M1）和体相 Fe（空间群 IM-3M）分别为三方晶体结构和体心立方结构，如图 7.1（a）和（b）所示。本书计算的 Y$_2$O$_2$S 晶格常数为 $a=b=0.4063$nm，$c=0.6961$nm，Fe 的晶格常数为 $a=b=c=0.2831$nm，和文献计算结果以及实验测量值比较吻合，说明本书的计算参数是合理的。在构建界面之前，需采用合适的原子层数表面板块模型，以保证表面深处的原子具有体相原子的特征。通过对板块模型的表面能随原子厚度 n 的变化进行收敛性测试，可得到合理厚度的 Y$_2$O$_2$S(001) 和 Fe(111) 表面。板块的表面能（γ_s）通过式（7.1）求出[220]：

$$\gamma_s \approx \frac{E_{slab}(N) - NE_{bulk}}{2A} \tag{7.1}$$

式中，$E_{slab}(N)$ 为表面超晶胞的总能量；N 为该超晶胞中的原子（或分子式）数目；E_{bulk} 表示体相材料中每个原子（或分子式）的能量；A 为相应的表面面积。

Fe(111) 为仅具有一种终端原子的表面，如图 7.1（c）所示。相比之下，Y$_2$O$_2$S(001) 具有三种不同终端的表面，即 O 终端，S 终端和 Y 终端的 Y$_2$O$_2$S(001) 表面，如图 7.1（d）和（f）。根据式（7.1）对 Fe(111) 和 Y$_2$O$_2$S(001) 的表面能进行计算，得到表面能随原子厚度的变化关系，见表 7.1。可以看出，随着原子厚度的增加，其表面能逐渐趋于收敛。当 Fe(111) 和 Y$_2$O$_2$S(001) 板块的原子层厚度 $n \geq 10$ 时，该两种表面的深处原子具有良好的体相特征，此时它们的表面能分别收敛于 2.68J/m^2 和 0.88J/m^2，和 Wang 等人[221]计算的 Fe(111) 表面能（2.64J/m^2）比较一致。因此，接下来采用 10 层的 Fe(111) 和 10 层的 Y$_2$O$_2$S(001) 板块来构建相应的界面模型以做进一步研究。

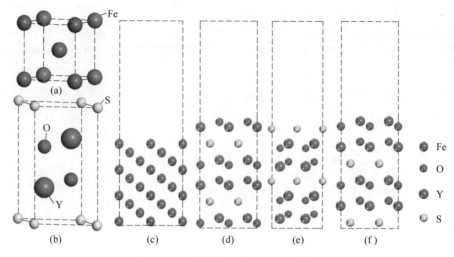

图 7.1　不同体相和表面的原子结构

(a) Fe 体相；(b) Y_2O_2S 体相；(c) Fe(111)表面；(d) O 终端 Y_2O_2S(001)表面；

(e) S 终端 Y_2O_2S(001)表面；(f) Y 终端 Y_2O_2S(001)表面

表 7.1　Y_2O_2S(001)和 Fe(111)的表面能随原子层厚度的变化关系

原子层数	Y_2O_2S(001) 表面能/$J \cdot m^{-2}$	原子层数	Fe(111) 表面能 /$J \cdot m^{-2}$
5	0.88	7	2.72
10	0.88	10	2.68
15	0.89	13	2.71
20	0.90	16	2.69

7.4　Y_2O_2S(001)/Fe(111)界面性质

7.4.1　Fe(111)/Y_2O_2S(001)界面模型

根据上述计算结果，将 10 层的 Fe(111) 堆垛在 10 层的 Y_2O_2S(001) 表面，并在 Z 方向上添加 1.5nm 的真空层，便可构建出 Fe(111)/Y_2O_2S(001) 界面超晶胞结构。以 O 终端的 Y_2O_2S(001) 为例，Fe(111)/Y_2O_2S(001) 具有三种不同的堆垛顺序（即 top、hcp 和 fcc），如图 7.2 所示，top、hcp 和 fcc 位表示 Fe(111) 的第一层 Fe 原子分别位于 Y_2O_2S(001) 的第一层 O 原子，第二层 Y 原子和第三层 S 原子的正上方。考虑到 Y_2O_2S(001) 具有三种不同终端表面，因此总共构建了 9 种不同的 Fe(111)/Y_2O_2S(001) 界面。根据 Bramfitt 错配度理论[77]，在异质形核过程中，错配度 $\delta < 6\%$ 的形核最有效，$\delta = 6\% \sim 12\%$ 的形核中等有效，$\delta \geqslant 12\%$ 的形核无效。本书计算的 Fe(111)/Y₂O₂S(001) 界面错配度 δ 为 4.99%，为典型的共格界面。因此，可以推断钢中先形成的 Y₂O₂S 夹杂物可成为铁素体最有效的形核核心，和 Wang 等人[222]的实验观察结果比较一致。

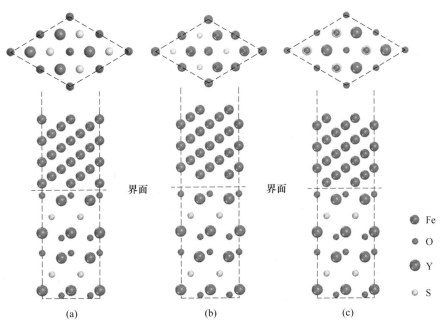

图 7.2 不同堆垛顺序的 Fe(111)/O 终端 Y₂O₂S 界面结构

（虚线代表界面）

（a）top 位，记为 Fe-top-O 界面；（b）hcp 位，记为 Fe-hcp-O 界面；（c）fcc 位，记为 Fe-fcc-O 界面

7.4.2 黏附功

一个界面的结合强度和稳定性可通过此界面的黏附功（W_{ad}）大小来判断，黏附功可定义为将两凝聚相组成的界面分离成两个自由表面时，所需要的单位面积上的可逆功，其可通过式（7.2）求出[220,223]：

$$W_{ad} = \frac{E_{Fe(111)}^{slab} + E_{Y_2O_2S(001)}^{slab} - E_{Fe/Y_2O_2S}^{total}}{A} \tag{7.2}$$

式中，$E_{Fe(111)}^{slab}$ 和 $E_{Y_2O_2S(001)}^{slab}$ 分别为 Fe(111) 表面和 Y₂O₂S(001) 表面的总能量；$E_{Fe/Y_2O_2S}^{total}$ 为 Fe(111)/Y₂O₂S(001) 界面的能量；A 为 Fe(111)/Y₂O₂S(001) 界面的面积。

　　根据该定义，W_{ad} 的值越大，说明界面的黏附强度越大（即界面越稳定）。

　　本节计算的不同 Fe（111）/Y$_2$O$_2$S（001）界面的黏附功和平衡界面距离见表 7.2。可以看出，不同终端原子和堆垛顺序对 Fe/Y$_2$O$_2$S 界面的结合强度产生较大的影响。对于大部分界面来说，较小的平衡界面距离对应于较强的界面强度，这可能是由于平衡界面距离越小，界面两端原子的相互作用越强。对于 O 终端的 Fe/Y$_2$O$_2$S 界面，Fe-top-O、Fe-hcp-O 和 Fe-fcc-O 的 W_{ad} 分别为 1.75J/m^2、0.01J/m^2 和 -0.10J/m^2，说明此三个界面中 Fe-top-O 界面两端原子的键合强度最大，而 Fe-fcc-O 界面具有负的 W_{ad}，反映了该界面很不稳定，很难在铁素体异质形核中出现。相比之下，S 终端和 Y 终端的 Fe/Y$_2$O$_2$S 界面的黏附强度要明显优于 O 终端的界面。对于 S 终端的 Fe/Y$_2$O$_2$S 界面，各界面的稳定性分别为 Fe-hcp-S＞Fe-fcc-S＞Fe-top-S，而 Y 终端界面的稳定性分别为 Fe-fcc-Y＞Fe-hcp-Y＞Fe-top-Y。通过进一步比较可以发现，O 终端、S 终端和 Y 终端界面中最稳定的界面分别为 Fe-top-O、Fe-hcp-S 和 Fe-fcc-Y 界面，且 Fe-hcp-S 界面的黏附功最大（4.01J/m^2）。因此，可以推断铁素体很可能在 S 终端的 Y$_2$O$_2$S（001）表面形核。

表 7.2　计算的不同 Fe(111)/Y$_2$O$_2$S(001)界面的黏附功(W_{ad})和平衡界面距离(d_{eq})

Fe(111)表面	Y$_2$O$_2$S(001)表面	堆垛顺序	界面模型	d_{eq}/nm	W_{ad}/J·m^{-2}
Fe(111)	O 终端的 Y$_2$O$_2$S(001)	top	Fe-top-O	0.1854	1.75
		hcp	Fe-hcp-O	0.1814	0.01
		fcc	Fe-fcc-O	0.2455	−0.10
	S 终端的 Y$_2$O$_2$S(001)	top	Fe-top-S	0.2085	2.67
		hcp	Fe-hcp-S	0.1323	4.01
		fcc	Fe-fcc-S	0.0817	3.44
	Y 终端的 Y$_2$O$_2$S(001)	top	Fe-top-Y	0.4960	1.41
		hcp	Fe-hcp-Y	0.1893	1.96
		fcc	Fe fcc Y	0.2283	2.14

7.4.3　界面的电子结构与键特征

　　为了进一步解析界面键合作用的本质特征，本文计算了各界面的电荷密度、差分电荷密度和态密度等方面的电子性质。同时为了简化，我们对各终端的最稳定界面（即 Fe-top-O、Fe-hcp-S 和 Fe-fcc-Y）进行分析，计算结果如图 7.3 所示。

其中，界面的差分电荷密度（$\Delta\rho$）可根据式（7.3）求出[224]：

$$\Delta\rho = \rho_{Fe(111)/Y_2O_2S(001)} - \rho_{Fe(111)} - \rho_{Y_2O_2S(001)} \tag{7.3}$$

式中，$\rho_{Fe(111)/Y_2O_2S(001)}$、$\rho_{Fe(111)}$和$\rho_{Y_2O_2S(001)}$分别代表$Fe(111)/Y_2O_2S(001)$界面、$Fe(111)$表面和$Y_2O_2S(001)$表面的电荷密度。

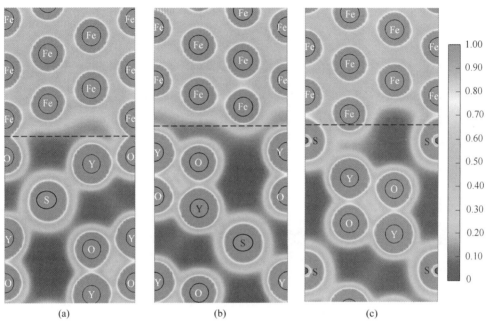

图 7.3 不同界面的(110)切面的电荷密度分布图

（图中虚线代表界面）

(a) Fe-top-O；(b) Fe-fcc-Y；(c) Fe-hcp-S

图 7.3 和图 7.4 分别为上述三个界面的电荷密度分布图和差分电荷密度图。对于 Fe-top-O 界面，界面处的 Fe 和 O 原子之间共用了一部分电子（见图7.3（a）），同时界面上 Fe 原子的部分电荷转移给了界面处的 O 原子（见图7.4（a）），可以推断界面形成一定强度的 Fe-O 共价键，另外还有一些电子聚集在该界面中心，如图 7.4（a）的浅黄色部分。对于 Fe-fcc-Y 界面（见图7.3（b）），界面两侧的 Fe 和 Y 原子共用了部分电子，由图 7.4（b）可知，界面处的 Fe 和 Y 原子均失去了部分电子，这些电子主要转移到 Fe 和 Y 之间位置，其电子密度聚集程度要明显大于 Fe-top-O 界面，所以 Fe-fcc-Y 界面的结合强度要大于 Fe-top-O 界面，和上述黏附功的分析结果一致。对于 Fe-hcp-S 界面，如图7.3（c）所示，不仅界面两侧的 Fe 和 S 原子共用大量的电子，而且 Fe(111) 侧的第二层 Fe 和界面处的 S 原子也共用一部分电子，因此该界面处形成很强的 Fe-S 相互作用。由图 7.4（c）的差分电荷密度可知，Fe(111) 侧的第一层和第二

层的 Fe 原子均失去大量的电子，这些电子一部分转移给了界面处的 S 原子，一部分转移到了界面中心区域，且该区域的电子密度要远高于 Fe-top-O 和 Fe-fcc-Y 两个界面。因此，Fe-hcp-S 界面具有最大的界面键合强度和黏附功，即 Fe-hcp-S 具有最高的稳定性。

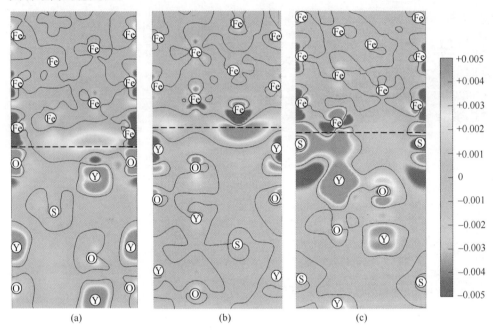

图 7.4   不同界面的(110)切面的差分电荷密度图

（图中虚线代表界面）

（a）Fe-top-O；（b）Fe-fcc-Y；（c）Fe-hcp-S

图 7.5 所示为 Fe-top-O、Fe-fcc-Y 和 Fe-hcp-S 界面的总态密度和界面两侧原子的分态密度图。可以看出，三个界面的总态密度主要由金属原子的 d 轨道贡献，而 s 轨道和 p 轨道的贡献相对较小。对于 Fe-top-O 界面（见图 7.5（a）），Fe $3d$ 轨道和 O $2p$ 轨道在$-7.5 \sim -4.5$eV 能级范围内发生明显的杂化，且在-5.0eV和-5.2eV附近出现两个共振峰，而 Fe $3d$ 和 O $2p$ 在$-4.5 \cdot 7.5$eV 发生较弱的轨道杂化。对于 Fe-fcc-Y 界面，界面的键合作用主要由 Fe d 和 Y d 的轨道杂化贡献，如图 7.5 所示，界面两侧 Fe $3d$ 和 Y $4d$ 轨道在$-5.4 \sim 7.5$eV 发生一定的杂化，但是未出现明显的共振峰。相比之下，Fe-hcp-S 界面两侧原子的相互作用要明显强于 Fe-top-O 和 Fe-fcc-Y 界面。如图 7.5（c）所示，Fe $3d$ 和 S $2p$ 轨道在$-7.5 \sim 0$eV 能级范围产生非常强的杂化，且在-0.74eV、-2.5eV 和-4.25eV 出现三个明显的共振峰，从而导致很强 Fe-S 共价键的形成。另外，Fe $3d$ 和 S $2p$ 在 $0 \sim 7.5$eV 范围也发生较弱的相互作用，这也解释了 Fe-hcp-S 界面为什么具有最大黏附强度的原因。

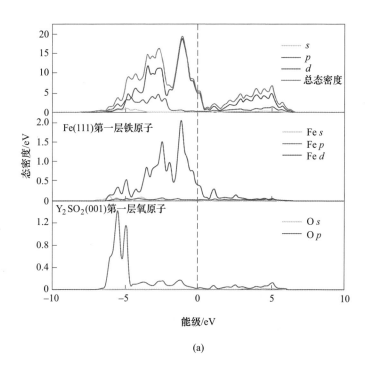

(a)

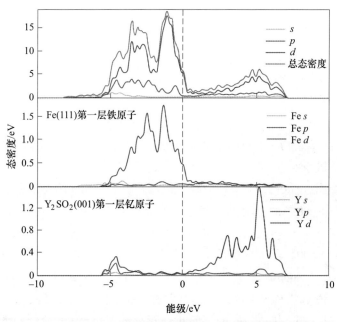

(b)

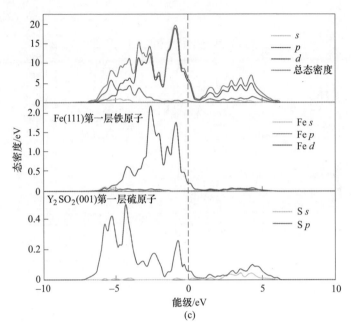

图 7.5　不同界面的态密度图

(图中虚线代表界面)

(a) Fe-top-O；(b) Fe-fcc-Y；(c) Fe-hcp-S

7.4.4　异质形核分析

界面能是另一个能评价界面稳定性的热力学量，它表示体系中形成界面后每单位面积上的多余能量，其本质上来源于界面处原子化学键的改变和结构应变。界面能（γ_{int}）可通过式（7.4）计算：

$$\gamma_{int} = \sigma_{Fe} + \sigma_{Y_2O_2S} - W_{ad} \qquad (7.4)$$

式中，σ_{Fe} 和 $\sigma_{Y_2SO_2}$ 分别为 Fe(111) 表面和 Y_2O_2S(001) 表面的表面能。需要说明的是，一个界面的 γ_{int} 越低表示该界面就越稳定。

在钢液凝固过程中，Y_2O_2S 夹杂物如要成为铁素体的有效异质形核剂，那么 Fe(111)/Y_2O_2S(001) 的界面能必须小于铁素体固/液相的界面能（0.204J/m²），如图 7.6 中虚线所示。通过对比各界面的 γ_{int} 可以发现，O 终端和 Y 终端的 Fe(111)/Y_2O_2S(001) 的界面能均大于铁素体(1)/铁素体(s)的界面能。然而，S 终端的界面中，Fe-hcp-S 和 Fe-fcc-S 的界面能均小于 0.204J/m²，且 Fe-hcp-S 的界面能更小，说明 Y_2O_2S 夹杂物能够有效诱导铁素体形核，且铁素体在 Y_2O_2S 夹杂物表面优先以"Fe-hcp-S 界面"形式进行形核。虽然本计算是 0K 时的结果，但是温度对界面的稳定性影响很小，所以 0K 时计算的结果可用于分析高温条件下的异质形核行为。图 7.7 所示为含 0.03%Y 的 Fe-6.5%Si（质量分数）合金中典型 Y_2O_2S 夹杂物的形貌和成分，可以看出，Y_2O_2S 为类椭圆形的夹杂物，其周围为典型的铁素体组织，说明了 Y_2O_2S 夹杂物能够促进铁素体形核。

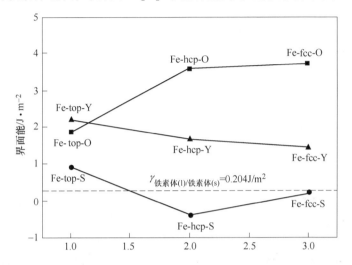

图 7.6 不同堆垛顺序界面的界面能，铁素体(l)/铁素体(s)界面的
界面能也被标出以作比较[225]

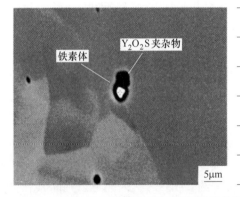

元素	质量分数/%	摩尔分数/%
Y	64.57	33.25
O	15.74	45.02
S	9.19	13.13
Fe	10.42	8.54
Mn	0.08	0.06

图 7.7 含 0.03%Y 的 Fe-6.5%Si(质量分数)合金中富 Y 析出物的 EPMA 元素分析

7.5 稀土 Y 对高硅钢锻坯组织结构的影响

7.5.1 稀土 Y 对高硅钢锻坯晶粒尺寸的影响

图 7.8 显示了不含 Y 和含 0.03%Y 的 Fe-6.5%Si（质量分数）合金锻造微观组织的晶粒尺寸分布图（EBSD 统计），通过 EBSD 统计不含 Y 的 Fe-6.5%Si 合金

锻坯的平均晶粒尺寸为 258μm，而含 0.03%Y 的高硅钢锻坯晶粒尺寸却明显被细化，平均晶粒尺寸约为 102μm，且晶粒尺寸分布集中，大多数尺寸处于 25～150μm 之间，而不含 Y 高硅钢晶粒尺寸分布则显得很不集中，因此，稀土 Y 对高硅钢锻坯晶粒尺寸细化效果极其明显。

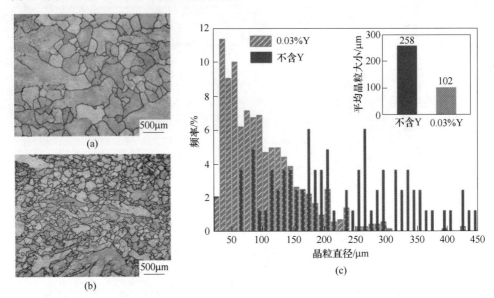

图 7.8　两种成分 Fe-6.5%Si 合金锻坯菊池带衬度图和晶粒尺寸分布图
(a) 不含 Y；(b) 含 0.03%Y；(c) 晶粒尺寸分布图

7.5.2　稀土 Y 在高硅钢锻坯中的存在形式

为了探讨添加稀土 Y 后锻坯晶粒尺寸极度细化的原因，对含 0.03%Y 锻坯取样并经过电解抛光后在 SEM 下进行观察，如图 7.9（a）和（b）所示，含 0.03%Y 的锻坯在 SEM 下观察到呈球状/椭球状的富 Y 夹杂物，通过能谱分析可知其中存在较多的 Fe、Si、O 和 Y 元素，根据稀土化合物标准生成自由能，推断这些夹杂物为 Y_2O_3，而 Y_2O_3 的熔点极高（约 2410℃），因此可以判断其在锻造前就已经存在，在图中我们还可以发现在拍摄到的富 Y 夹杂物周围存在大量更为细小弥散的夹杂物，在这些大小不一的富 Y 夹杂物中，有的聚集在晶界处，可以起到钉扎晶界的作用。通过 SEM 在 0.03%Y 高硅钢锻坯中还发现了一些稀土 Y 复合析出物，如图 7.9（d）和（e）所示。根据图 7.9（f）和（h）可知，图 7.9（d）和（e）中片状的夹杂物为稀土铝氧化物、稀土硫氧化物和其他化合物形成的复合析出物，根据图 7.9（g）中的能谱可知长条棒状的化合物可能为 Si_3N_4。

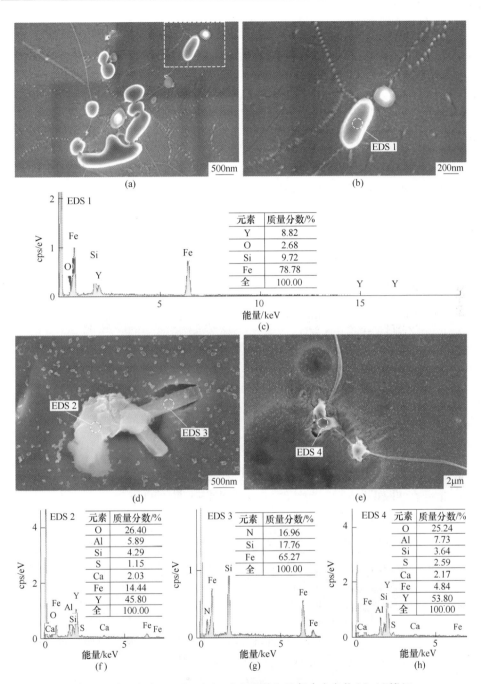

图 7.9　含 $w(Y)=0.03\%$（a）～（c）和稀土 Y 复合夹杂物（d～h）锻坯

在 SEM 下的富 Y 夹杂物形貌和能谱

（a）Y_2O_3 形貌图；（b）图（a）中方框中放大图；（c）含 Y_2O_3 能谱图

（d），（e）稀土 Y 复合夹杂物形貌图；（f）～（h）稀土 Y 复合夹杂物能谱图

图 7.10 所示，本节还利用电子显微探针（EPMA）在含 $w(Y) = 0.03\%$ 的样品中检测到直径约为 $2\mu m$ 的两种富 Y 夹杂物。在析出物中检测到高 Y、O 和 S 浓度。同样根据稀土化合物的标准生成自由能，推测这些富 Y 夹杂物分别为 Y_2O_3 和 Y_2O_2S。这些化合物在钢液中具有较高的熔点。这些富 Y 夹杂物作为形核剂增加了异质形核位置，从而细化了高硅钢锻坯微观组织。由于 Fe 原子半径（0.127nm）比 Y 原子半径（0.18nm）小很多，差异较大，因此 Y 在 bcc-Fe 基体中固溶度极低，前人在 1000K 和 1100K 下 Y 溶解度（摩尔分数）的实验值分别为 0.0259% 和 0.0322%，虽然其固溶量极低，但其对高硅钢晶粒细化以及力学性能和磁性能的影响也是不可忽略的。

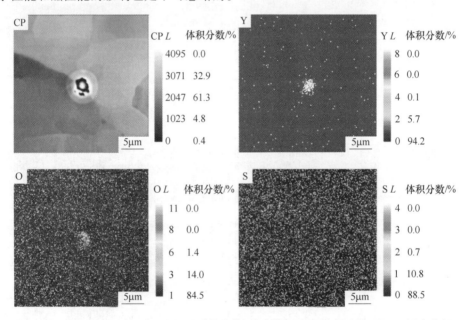

图 7.10　含 0.03%Y 的 Fe-6.5%Si(质量分数)合金锻坯中富 Y 析出物 EPMA 元素分析

7.6　稀土 Y 对高硅钢高温拉伸力学性能的影响

7.6.1　应力-应变曲线

图 7.11 所示为含 Y 和不含 Y 高硅钢在不同变形温度下拉伸后的工程应力-应变曲线。含 0.03%Y（质量分数）高硅钢在 200~800℃ 时拉伸的总应变量都要比不含 Y 高硅钢要大，且在 200℃ 和 400℃ 时曲线都处于不含 Y 高硅钢曲线上方，两种成分高硅钢在 200℃ 时的拉伸曲线仅存在弹性阶段和很短的硬化阶段，表明塑性较差，而在 400℃、600℃ 和 800℃ 时的曲线均包含弹性阶段、硬化阶段和颈缩阶段。400℃ 时应力随着应变的增加持续增加，直至颈缩应力才开始明显大幅

度下降，600℃和800℃时应力随着应变量增加先持续增加，在大约5%应变量左右达到一个应力峰值后略有明显下降，随后应力随着应变量增加保持稳定或呈缓慢下降趋势。

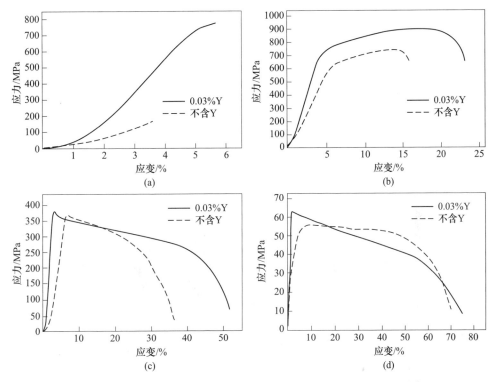

图 7.11 含 Y 和不含 Y 高硅钢在不同温度下拉伸的应力-应变曲线
(a) 200℃；(b) 400℃；(c) 600℃；(d) 800℃

应力-应变曲线下的面积是应力和应变量的乘积，结果是功。所以拉伸曲线下的面积代表的是材料的变形功或断裂吸收功，表征材料韧性的高低。从应力应变曲线下面积来看，200～600℃含 0.03%Y（质量分数）高硅钢曲线下相对应的面积明显更大，表明韧性更好，稀土 Y 对高硅钢韧性提高作用明显。而在 800℃时曲线下面积较接近，此时 Y 作用不明显。

7.6.2 延伸率和断面收缩率

拉伸断裂后的断面收缩率可以表征高硅钢的塑性。断面收缩率的值越大，高硅钢的塑性越好。同样拉伸试样的延伸率也可以反映出高硅钢的塑性。延伸率的值越大，高硅钢的塑性越好。通过测量拉伸后的所有试样相关尺寸，可以计算得到各个试样的延伸率和断面收缩。

表7.3 和图7.12 所示为高硅钢拉伸试样的拉伸延伸率 A 和断面收缩率 Z，

表7.3　含Y和不含Y高硅钢在不同温度拉伸后的延伸率A和断面收缩率Z

拉伸变形温度/℃		200	400	600	800
延伸率 A/%	无稀土	0	13.3	30.8	54.2
	含0.03%Y	0.6	18	42	64
	增长百分比	0.6	35.3	36.4	18.1
断面收缩率 Z/%	无稀土	0	16.8	50.9	79.6
	含0.03%Y	3.5	40.5	89.1	91.6
	增长百分比	3.5	23.7	75.0	15.1

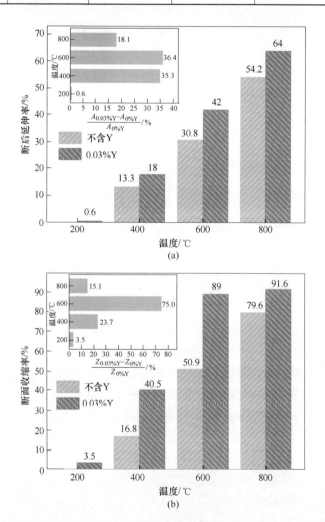

图7.12　无稀土和含0.03%Y(质量分数)高硅钢拉伸断裂后的延伸率和断面收缩率
（a）断后延伸率；（b）断面收缩

两者均随温度提高而增加，在 200℃、400℃、600℃、800℃变形温度下，不含稀土试样拉伸延伸率 $A_{0\%Y}$ 分别为 0%、13.3%、30.8% 和 54.2%。相比之下，含 0.03%Y（质量分数）的试样在 200℃、400℃、600℃、800℃时延伸率 $A_{0.03\%Y}$ 分别为 0.6%、18%、42% 和 64%。含 0.03%Y（质量分数）的试样在各温度下延伸率明显高于不含稀土 Y 的试样，在 200℃、400℃、600℃、800℃变形温度下，不含 Y 高硅钢拉伸样断面收缩率 $Z_{0\%Y}$ 分别为 0%、16.8%、50.9% 和 79.6%。相比之下，含 0.03%Y（质量分数）的试样在 200℃、400℃、600℃、800℃时的断面收缩率 $Z_{0.03\%Y}$ 分别为 3.5%、40.5%、89.1% 和 91.6%。含 0.03%Y（质量分数）高硅钢试样在各温度下断面收缩率同样明显高于不含 Y 试样。

7.6.3　抗拉强度

表 7.4 和图 7.13 所示为两种高硅钢锻坯（无稀土和含 0.03%Y）在不同拉伸变形温度（200~800℃）下拉断后的抗拉强度。从图 7.13 中的柱状图对比可以看到含 Y 的 Fe-6.5%Si（质量分数）高硅钢较不含稀土的高硅钢抗拉强度 R_m 有所提高，特别是在较低温度时提高较为明显，两种成分高硅钢试样都随着变形温度的升高，抗拉强度 R_m 先增后减，且均在 400℃时达到抗拉强度的峰值，随后变形温度提高，抗拉强度均逐渐减小，两个试样的抗拉强度差值也随之变小，因此，Y 对 Fe-6.5% Si（质量分数）合金具有明显的增韧和强化作用。当温度持续升高到 800℃时，由于超过了 B2→A2 相变温度（约 750℃），稀土 Y 的作用不明显。

表 7.4　不同温度下两种高硅钢拉伸抗拉强度 R_m

变形温度/℃		200	400	600	800
R_m/MPa	无稀土	162.3	740.6	367.9	56
	含 0.03%Y	772.3	898.8	380.2	63.1
增长百分比/%		375.8	21.4	3.3	12.7

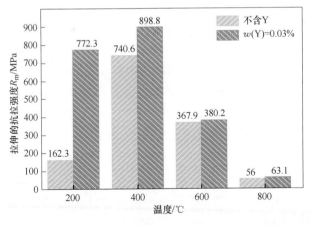

图 7.13　含 Y 和不含 Y 高硅钢在不同温度下拉伸的抗拉强度

　　添加稀土 Y 后高硅钢强度的提高主要归因于晶粒细化，即细晶强化导致高硅钢拉伸强度的提高，此外，由于晶粒细化，则相同大小区域内晶粒更多，变形分散在更多的晶粒内进行，变形较均匀，分配和塞积到每个晶粒中的位错数量就更少，进而应力集中导致的开裂出现概率就更小，即含 Y 高硅钢在断裂前能承受更大的拉伸形变，提高了材料的塑韧性。因此，在本节高硅钢中 0.03%Y（质量分数）使得其抗拉强度提高乃至塑韧性提高的很大一部分原因则是稀土 Y 使得高硅钢晶粒细化。

7.7　拉伸断口形貌分析

　　利用扫描电镜观察了不含 Y 和含 0.03%Y（质量分数）的两种高硅钢试样在不同温度下的拉伸断口形貌。图 7.13 显示了不含稀土和含 0.03%Y（质量分数）的 Fe-6.5%Si 合金在 200℃、400℃、600℃和 800℃下的拉伸断口形貌。

　　在图 7.14（a）和（e）中，拉伸温度为 200℃时，含 Y 和不含 Y 的高硅钢断口形貌均由解理台阶和大块光滑平面组成，局部放大后可以观察到数量较多的分布广泛的河流花样，该断口属于典型的解理断裂，表明含 Y 和不含 Y 的高硅钢试样均在 200℃拉伸断裂后均为完全解理断口。

　　在图 7.14（b）和（c）中，含 Y 和不含 Y 的 Fe-6.5%Si（质量分数）合金的拉伸试样在 400℃均出现大量深浅不一的韧窝，且含 Y 的韧窝相对更深且数量更多。由于不含 Y 的试样拉伸变形前组织晶粒较大，800℃高温下时拉伸断口出现了颈缩孔洞，相比之下，如图 7.14（f）所示，含 0.03%Y 的试样在 400℃时显示出部分韧窝断裂。如图 7.14（g）所示，在 600℃时，韧窝加深且数量增加，塑韧性进一步提高。

　　如图 7.14（d）和（h）所示，当温度升高到 800℃时，未加 Y 的断口中间出现了很多撕裂的孔洞，大小各不相同，放大之后在孔洞周围可以看到很多的河流花样，典型的解理特征，故该断口属于解理断裂。含 0.03%稀土 Y 高硅钢试样的拉伸断口形貌表面也可以看到大量的河流花样和解理台阶，表面还有细小的撕裂孔洞，属于解理断裂。两个试样断口均为解理断裂的脆性断裂，这可能是由于在此温度条件下试样断面收缩率极大，断口处最小横截面特别小，800℃高温下两个成分试样在断裂前颈缩程度最大部位都被氧化，导致拉断的瞬间形成脆性断裂，这些断口表明，通过含 0.03%Y，在 400℃和 600℃时，断裂模式从脆性断裂转变为韧性断裂，升高至 800℃时由于氧化导致脆性断裂。

　　断口形貌表明，含 0.03%Y 可以增加 400℃和 600℃时的韧窝数量，这对于提高 Fe-6.5%Si 高硅钢在 400℃和 600℃时的塑韧性作用极为明显，并且断口观察结果与图 7.11 所示的应力-应变曲线结果一致。

图 7.14　不同温度下拉伸断口形貌

(a)~(d) 不含稀土 Y；(e)~(h) 含 0.03%Y（质量分数）

结合前面稀土 Y 对拉伸前锻坯组织和有序结构的影响分析，可以初步解释稀土 Y 提高 Fe-6.5%Si 高硅钢塑韧性机理。一方面，Y 通过与 O、S 的结合起到脱氧脱硫的效果，从而净化 Fe-6.5%Si 合金，锻造前形成的 Y_2O_3 和 Y_2O_2S 等化合物作为有效的形核剂促进了异质形核，从而细化了高硅钢锻坯晶粒。另一方面，Y 降低了具备硬脆性质的有序相含量，降低了有序度，减小了 B2 有序相畴尺寸，因此，Fe-6.5%Si 合金的拉伸塑性增强和强化可归因于 Y 对晶粒的细化和有序度的降低。

7.8 本章小结

本章先采用 DFT 计算研究了 Fe(111)/Y_2O_2S(001) 界面的结构性质、电子性质及其稳定性，然后通过实验观测对其进行验证，主要研究结果如下：

（1）S 终端和 Y 终端的 Fe/Y_2O_2S 界面的键合强度要明显优于 O 终端的界面。O 终端、S 终端和 Y 终端界面中最稳定的界面分别为 Fe-top-O、Fe-hcp-S 和 Fe-fcc-Y，且 Fe-hcp-S 界面具有最大的黏附功（$4.01J/m^2$）。

（2）Fe-hcp-S 界面处的 Fe 和 S 原子共用大量的电子，且该界面的电子密度要远高于 Fe-top-O 和 Fe-fcc-Y 两个界面，因而 Fe-hcp-S 界面的稳定性最好，其界面键合力主要归功于界面处 Fe $3d$ 和 S $2p$ 轨道在 $-7.5\sim0eV$ 范围内强烈的杂化。

（3）Fe-hcp-S 的界面能明显小于铁素体固/液相的界面能，因而 Y_2O_2S 夹杂物能够有效诱导铁素体形核。实验结果表明，Fe-6.5%Si（质量分数）合金中 Y_2O_2S 夹杂物能够细化铁素体晶粒，且含 0.3%Y 合金的平均晶粒尺寸要明显小于不含 Y 的，即两者的结果比较吻合。

（4）稀土 Y 氧化物/氧硫化物作为异质形核点，细化了高硅钢锻坯晶粒组织，锻坯平均晶粒尺寸从 $258\mu m$ 减小到 $102\mu m$，减小了约 60.5%。

（5）稀土 Y 细化了高硅钢 B2 相有序畴，尺寸由 $1.5\mu m$ 减小至 $0.5\mu m$，并降低了 B2 和 DO_3 有序相含量，高硅钢有序度明显降低，从而硬度降低。

（6）含 0.03%Y（质量分数）高硅钢在 200~800℃时的断裂延伸率、断面收缩率和抗拉强度均明显高于无稀土高硅钢，且在 200~600℃温度范围内提高更为明显，Y 对 Fe-6.5%Si（质量分数）高硅钢增韧增塑作用可归因于晶粒细化和有序度降低。

参 考 文 献

［1］ 胡军. V 微合金钢晶内形核铁素体相变及微观组织纳米化［D］. 沈阳：东北大学，2014.

［2］ 阮红志，赵征志，赵爱民，等. 高钢级 X100 管线钢的组织和析出相［J］. 材料热处理学报，2013，34（1）：43~48.

［3］ Funakawa Y, Shiozaki T, Tomita K, et al. Development ofhigh strength hot-rolled sheet steel consisting of ferrite and nanometer-sized carbides［J］. ISIJ International，2004，44（11）：1945~1951.

［4］ Sha W, Kirby B, Kelly F. The behaviour of structural steels at elevated temperatures and the design of fire resistant steels［J］. Materials Transactions，2001，42（9）：1913~1927.

［5］ Bu F Z, Wang X M, Yang S W, et al. Contribution of interphase precipitation on yield strength in thermomechanically simulated Ti-Nb and Ti-Nb-Mo microalloyed steels［J］. Materials Science and Engineering：A，2015，620：22~29.

［6］ 张正延，孙新军，李昭东，等. 纳米级碳化物及小角界面密度对 Fe-C-Mo-M(M=Nb、V 或 Ti) 系钢耐火性的影响［J］. 材料研究学报，2015，29（4）：269~276.

［7］ Han Y, Shi J, Xu L, et al. TiC precipitation induced effect on microstructure and mechanical properties in low carbon medium manganese steel［J］. Materials Science and Engineering：A，2011，530：643~651.

［8］ 娄艳芝，柳得橹，毛新平，等. CSP 工艺钛微合金钢中的碳氮化钛析出相［J］. 钢铁，2010，45（2）：70~73.

［9］ Tsai S P, Jen C H, Yen H W, et al. Effects of interphase TiC precipitates on tensile properties and dislocation structures in a dual phase steel［J］. Materials Characterization，2017，123：153~158.

［10］ Shen Y F, Wang C M, Sun X. A micro-alloyed ferritic steel strengthened by nanoscale precipitates［J］. Materials Science and Engineering：A，2011，528（28）：8150~8156.

［11］ 胡彬浩，蔡庆伍，武会宾. Ti-Mo 微合金钢中 Mo 对 Ti(C,N) 在奥氏体中析出量的影响［J］. 北京科技大学学报，2013，35（4）：481~488.

［12］ Peng Z, Li L, Gao J, et al. Precipitation strengthening of titanium microalloyed high-strength steel plates with isothermal treatment［J］. Materials Science and Engineering：A，2016，657：413~421.

［13］ Wang Z, Zhang H, Guo C, et al. Effect of molybdenum addition on the precipitation of carbides in the austenite matrix of titanium micro-alloyed steels［J］. Journal of Materials Science，2016，51（10）：4996~5007.

［14］ Wang Z, Zhang H, Guo C, et al. EVolution of (Ti,Mo)C particles in austenite of a Ti-Mo-bearing steel［J］. Materials & Design，2016，109：361~366.

［15］ Jang J H, Lee C H, Heo Y U, et al. Stability of (Ti,M)C (M=Nb,V,Mo and W) carbide in steels using first-principles calculations［J］. Acta Materialia，2012，60（1）：208~217.

［16］ Wang X P, Zhao A M, Zhao Z Z, et al. Precipitation strengthening by nanometer-sized carbides in hot-rolled ferritic steels［J］. Journal of Iron and Steel Research，International，

2014, 21 (12): 1140~1146.

[17] Vervynckt S, Verbeken K, Thibaux P, Y. Houbaert. Recrystallization-precipitation interaction during austenite hot deformation of a Nb microalloyed steel [J]. Materials Science and Engineering: A, 2011, 528 (16): 5519~5528.

[18] Vishwanadh B, Arya A, Tewari R, et al. Formation mechanism of stable NbC carbide phase in Nb-1Zr-0. 1C (wt. %) alloy [J]. Acta Materialia, 2018, 144 (Supplement C): 470~483.

[19] Ghosh S, Mula S. Thermomechanical processing of low carbon Nb-Ti stabilized microalloyed steel: Microstructure and mechanical properties [J]. Materials Science and Engineering: A, 2015, 646: 218~233.

[20] Escobar D P, Castro C S B, Borba E C, et al. Correlation of the solidification path with as-cast microstructure and precipitation of Ti, Nb(C, N) on a high-temperature processed steel [J]. Metallurgical and Materials Transactions A, 2018, 49 (8): 3358~3372.

[21] Tirumalasetty G K, van Huis M A, Fang C M, et al. Characterization of NbC and (Nb,Ti)N nanoprecipitates in TRIP assisted multiphase steels [J]. Acta Materialia, 2011, 59 (19): 7406~7415.

[22] Xiao F R, Cao Y B, Qiao G Y, et al. Effect of Nb solute and NbC precipitates on dynamic or static recrystallization in Nb steels [J]. Journal of Iron and Steel Research, International, 2012, 19 (11): 52~56.

[23] Hong S C, Lim S H, Hong H S, et al. Effects of Nb on strain induced ferrite transformation in C-Mn steel [J]. Materials Science and Engineering: A, 2003, 355 (1): 241~248.

[24] 付立铭, 单爱党, 王巍. 低碳 Nb 微合金钢中 Nb 溶质拖曳和析出相 NbC 钉扎对再结晶晶粒长大的影响 [J]. 金属学报, 2010, 46 (7): 832~837.

[25] 吴圣杰, 聂文金, 尚成嘉, 等. 铌含量对低碳微合金钢回复再结晶行为的影响 [J]. 北京科技大学学报, 2013, 35 (9): 1144~1149.

[26] Zargaran A, Kim H S, Kwak J H, et al. Effects of Nb and C additions on the microstructure and tensile properties of lightweight ferritic Fe-8Al-5Mn alloy [J]. Scripta Materialia, 2014, 89: 37~40.

[27] Ming L, Wang Q, Wang H, et al. A remarkable role of niobium precipitation in refining microstructure and improving toughness of A QT-treated 20CrMo47NbV steel with ultrahigh strength [J]. Materials Science and Engineering: A, 2014, 613(Supplement C): 240~249.

[28] Subramanian S V, Xiaoping M, Rehman K, et al. On control of grain coarsening of austenite by nano-scale precipitate engineering of TiN-NbC composite in Ti-Nb microalloyed steel, Springer International Publishing, Cham, 2016: 119~124.

[29] Chen Z, Loretto M H, Cochrane R C. Nature of large precipitates in titanium-containing HSLA steels [J]. Materials Science and Technology, 1987, 3 (10): 836~844.

[30] Craven A J, He K, Garvie L A J, et al. Complex heterogeneous precipitation in titanium-niobium microalloyed Al-killed HSLA steels—I. (Ti, Nb) (C, N) particles [J]. Acta Materialia, 2000, 48 (15): 3857~3868.

[31] Hong S G, Kang K B, Park C G. Strain-induced precipitation of NbC in Nb and Nb-Ti

microalloyed HSLA steels [J]. Scripta Materialia, 2002, 46 (2): 163~168.

[32] Shanmugam S, Tanniru M, Misra R D K, et al. Precipitation in V bearing microalloyed steel containing low concentrations of Ti and Nb [J]. Materials Science and Technology, 2005, 21 (8): 883~892.

[33] Jia Z, Misra R D K, O'Malley R, et al. Fine-scale precipitation and mechanical properties of thin slab processed titanium-niobium bearing high strength steels [J]. Materials Science and Engineering: A, 2011, 528 (22): 7077~7083.

[34] Reip C P, Shanmugam S, Misra R D K. High strength microalloyed CMn (V-Nb-Ti) and CMn (V-Nb) pipeline steels processed through CSP thin-slab technology: microstructure, precipitation and mechanical properties [J]. Materials Science and Engineering: A, 2006, 424 (1): 307~317.

[35] López B, Rodriguez-Ibabe J M. Some metallurgical issues concerning austenite conditioning in Nb-Ti and Nb-Mo microalloyed steels processed by near-net-shape casting and direct rolling technologies [J]. Metallurgical and Materials Transactions A, 2017, 48 (6): 2801~2811.

[36] Li Y, Crowther D N, Mitchell P S, et al. The evolution of microstructure during thin slab direct rolling processing in vanadium microalloyed steels [J]. ISIJ International, 2002, 42 (6): 636~644.

[37] Wang R, Garcia C I, Hua M, et al. Microstructure and precipitation behavior of Nb, Ti complex microalloyed steel produced by compact strip processing [J]. ISIJ International, 2006, 46 (9): 1345~1353.

[38] Li Y, Wilson J A, Crowther D N, et al. The effects of vanadium, niobium, titanium and zirconium on the microstructure and mechanical properties of thin slab cast steels [J]. ISIJ International, 2004, 44 (6): 1093~1102.

[39] Chen Y, Tang G, Tian H, et al. Microstructures and mechanical properties of Nb-Ti bearing hot-rolled TRIP Steels [J]. Journal of Materials Science & Technology, 2006, 22 (6): 759~762.

[40] Ma X, Miao C, Langelier B, et al. Suppression of strain-induced precipitation of NbC by epitaxial growth of NbC on pre-existing TiN in Nb-Ti microalloyed steel [J]. Materials & Design, 2017, 132: 244~249.

[41] Gong P, Liu X G, Rijkenberg A, et al. The effect of molybdenum on interphase precipitation and microstructures in microalloyed steels containing titanium and vanadium [J]. Acta Materialia, 2018, 161: 374~387.

[42] Stampfl C, Mannstadt W, Asahi R, et al. Electronic structure and physical properties of early transition metal mononitrides: Density-functional theory LDA, GGA, and screened-exchange LDA FLAPW calculations [J]. Physical Review B, 2001, 63 (15): 155106~155112.

[43] Wang Y Q, Clark S J, Janik V, et al. Investigating nano-precipitation in a V-containing HSLA steel using small angle neutron scattering [J]. Acta Materialia, 2018, 145: 84~96.

[44] Xu Y, Zhang X, Tian Y, et al. Study on the nucleation and growth of $M_{23}C_6$ carbides in a 10%Cr martensite ferritic steel after long-term aging [J]. Materials Characterization, 2016,

111：122~127.

[45] Hong S P, Kim S I, Ahn T Y, et al. Effects of extended heat treatment on carbide evolution in Cr-Mo steels [J]. Materials Characterization, 2016, 115：8~13.

[46] Aliakbarzadeh H, Mirdamadi S, Tamizifar M. Effect of low Zr addition on microalloyed cast steel [J]. Materials Science and Technology, 2010, 26 (11)：1373~1376.

[47] Li X, Li F, Cui Y, et al. The effect of manganese content on mechanical properties of high titanium microalloyed steels [J]. Materials Science and Engineering：A, 2016, 677：340~348.

[48] 王长军, 雍岐龙, 孙新军, 等. Ti 和 Mn 含量对 CSP 工艺 Ti 微合金钢析出特征与强化机理的影响 [J]. 金属学报, 2011 (12)：1541~1549.

[49] Jang J H, Lee C H, Han H N, et al. Modelling coarsening behaviour of TiC precipitates in high strength, low alloy steels [J]. Materials Science and Technology, 2013, 29 (9)：1074~1079.

[50] 张正延, 孙新军, 雍岐龙, 等. Nb-Mo 微合金高强钢强化机理及其纳米级碳化物析出行为 [J]. 金属学报, 2016 (4)：410~418.

[51] Ju B, Wu H B, Tang D, 等. Characterization of (Nb,Ti, Mo)C precipitates in an ultrahigh strength martensitic steel [J]. Journal of Iron and Steel Research, International, 2016, 23 (5)：495~500.

[52] Zhang Z, Yong Q, Sun X, et al. Effect of Mo addition on the precipitation behavior of carbide in Nb-bearing HSLA Steel [C] // HSLA Steels 2015, microalloying 2015 & offshore engineering steels 2015, John Wiley & Sons, Inc. 2015：203~210.

[53] Cao J, Yong Q, Liu Q, et al. Precipitation of MC phase and precipitation strengthening in hot rolled Nb-Mo and Nb-Ti steels [J]. Journal of Materials Science, 2007, 42 (24)：10080~10084.

[54] Li X, Wang Z, Deng X, et al. Precipitation behavior and kinetics in Nb-V-bearing low-carbon steel [J]. Materials Letters, 2016, 182：6~9.

[55] 王海燕, 毛卫民, 朱国辉, 等. 稀土 La 对含铌钢中 NbC 在 α-Fe 中析出行为的影响 [J]. 稀有金属材料与工程, 2015, 44 (5)：1159~1162.

[56] 刘腾轼, 杨弋涛. 钼对含铌低合金铸钢碳化物析出行为的影响 [J]. 铸造, 2015, 64 (1)：60~64.

[57] 徐洋, 衣海龙, 孙明雪, 等. 小同工艺下 Nb-Ti 微合金钢组织演变和析出行为 [J]. 东北大学学报 (自然科学版), 2012, 33 (9)：1266~1269.

[58] 李小琳, 王昭东. 含 Nb-Ti 低碳微合金钢纳米碳化物析出行为 [J]. 东北大学学报 (自然科学版), 2015 (12)：1701~1705.

[59] Zeng Y N, Feng Q, Li J G, et al. Effect of the microstructure on the crackinitiation during thermal cycling of Nb-Ti-bearing continuous casting slabs [J]. Ironmaking & steelmaking, 2021, 48 (4)：370~378.

[60] Li X L, Lei C S, Tian Q, et al. Nanoscale cementite and microalloyed carbide strengthened Ti bearing low carbon steel plates in the context of newly developed ultrafast cooling [J]. Materials

Science and Engineering: A, 2017, 698: 268~276.

[61] Bu F Z, Wang X M, Chen L, et al. Influence of cooling rate on the precipitation behavior in Ti-Nb-Mo microalloyed steels during continuous cooling and relationship to strength [J]. Materials Characterization, 2015, 102: 146~155.

[62] 王泽民, 刘庆冬, 刘文庆. 回火温度对 Nb-Mo-V 微合金钢中的析出物的影响 [J]. 材料热处理学报, 2009, 30 (3): 123~126.

[63] 夏文真, 赵宪明, 张晓明, 等. 新热处理工艺对低碳 Nb-Ti 微合金钢组织性能的影响 [J]. 东北大学学报 (自然科学版), 2013, 34 (11): 1566~1570.

[64] 孙超凡, 蔡庆伍, 武会宾, 等. 轧制工艺对铁素体基 Ti-Mo 微合金钢纳米尺度碳氮化物析出行为的影响 [J]. 金属学报, 2012, 48 (12): 1415~1421.

[65] 李小琳, 王昭东. 含 Nb-Ti 低碳微合金钢纳米碳化物析出行为 [J]. 东北大学学报 (自然科学版), 2015, 36 (12): 1701~1705.

[66] Hou Y, Zheng W, Wu Z, Li G, et al. Study of Mn absorption by complex oxide inclusions in AlTiMg killed steels [J]. Acta Materialia, 2016, 118: 8~16.

[67] 杜松林, 金友林, 高振波, 等. VN 微合金钢中 Ti 脱氧夹杂物诱导晶内铁素体析出行为 [J]. 北京科技大学学报, 2010, 32 (5): 574~580.

[68] Shim J H, Oh Y J, Suh J Y, et al. Ferrite nucleation potency of non-metallic inclusions in medium carbon steels [J]. Acta Materialia, 2001, 49 (12): 2115~2122.

[69] Madariaga I, Gutiérrez I. Role of the particle-matrix interface on the nucleation of acicular ferrite in a medium carbon microalloyed steel [J]. Acta Materialia, 1999, 47 (3): 951~960.

[70] Zhang D, Terasaki H, Komizo Y I. In situ observation of the formation of intragranular acicular ferrite at non-metallic inclusions in C-Mn steel [J]. Acta Materialia, 2010, 58 (4): 1369~1378.

[71] Gregg J M, Bhadeshia H K D H. Titanium-rich mineral phases and the nucleation of bainite [J]. Metallurgical and Materials Transactions A, 1994, 25 (8): 1603~1611.

[72] Furuhara T, Yamaguchi J, Sugita N, et al. Nucleation of proeutectoid ferrite on complex precipitates in austenite [J]. ISIJ International, 2003, 43 (10): 1630~1639.

[73] 余圣甫, 雷毅, 谢明立, 等. 晶内铁素体的形核机理 [J]. 钢铁研究学报, 2005, 17 (1): 47~50.

[74] Miyamoto G, Hori R, Poorganji B, et al. Crystallographic analysis of proeutectoid ferrite/austenite interface and interphase precipitation of vanadium carbide in medium-carbon steel [J]. Metallurgical and Materials Transactions A, 2013, 44 (8): 3436~3443.

[75] Lee T K, Kim H J, Kang B Y, et al. Effect of inclusion size on the nucleation of acicular ferrite in welds [J]. ISIJ International, 2000, 40 (12): 1260~1268.

[76] 杨志刚. 晶内铁素体在夹杂物上形核机制的讨论 [J]. 金属热处理, 2005, 30 (1): 20~23.

[77] Bramfitt B L. The effect of carbide and nitride additions on the heterogeneous nucleation behavior of liquid iron [J]. Metallurgical Transactions, 1970, 1 (7): 1987~1995.

[78] Hajeri K F A, Garcia C I, Hua M, et al. Particle-stimulated nucleation of ferrite in heavy steel

sections［J］. ISIJ International, 2006, 46 (8)：1233~1240.

［79］姚圣杰, 杜林秀, 王国栋. Nb-V-Ti 微合金钢中奥氏体两相区变形过程组织演变［J］. 材料热处理学报, 2012, 33 (2)：40~43.

［80］Han Y, Shi J, Xu L, et al. Effect of hot rolling temperature on grain size and precipitation hardening in a Ti-microalloyed low-carbon martensitic steel［J］. Materials Science and Engineering：A, 2012, 553：192~199.

［81］惠亚军, 潘辉, 刘锟, 等. 600MPa 级 Nb-Ti 微合金化高成形性元宝梁用钢的强化机制［J］. 金属学报, 2017, 53 (8)：937~946.

［82］吴斯, 李秀程, 张娟, 等. Nb 对中碳钢相变和组织细化的影响［J］. 金属学报, 2014, 50 (4)：400~408.

［83］王壮飞, 唐帅, 刘振宇, 等. Nb 对低碳微合金钢连续冷却相变行为的影响［J］. 东北大学学报（自然科学版）, 2014, 35 (8)：1117~1119.

［84］邓立新, 庄亮, 赖月梅. 铌合金钢的控制冷却工艺研究［J］. 铸造技术, 2017 (4)：816~819.

［85］罗许, 杨财水, 康永林, 等. 低成本钛微合金化 Q345B 钢组织性能的研究［J］. 轧钢, 2015, 32 (5)：8~12.

［86］Huang H, Yang G, Zhao G, et al. Effect of Nb on the microstructure and properties of Ti-Mo microalloyed high-strength ferritic steel［J］. Materials Science and Engineering：A, 2018, 736：148~155.

［87］Yang J, Zhang P, Zhou Y, et al. First-principles study on ferrite/TiC heterogeneous nucleation interface［J］. Journal of Alloys and Compounds, 2013, 556：160~166.

［88］张正延, 孙新军, 李昭东, 等. 纳米级碳化物及小角界面密度对 Fe-C-Mo-M（M = Nb、V 或 Ti）系钢耐火性的影响［J］. 材料研究学报, 2015 (4)：269~276.

［89］Zhang K, Li Z, Wang Z, et al. Precipitation behavior and mechanical properties of hot-rolled high strength Ti-Mo-bearing ferritic sheet steel：The great potential of nanometer-sized (Ti,Mo) C carbide［J］. Journal of Materials Research, 2016, 31 (9)：1254~1263.

［90］徐流杰, 周鹤, 魏世忠. 高钨高速钢中碳化物结构及界面特征［J］. 材料热处理学报, 2016, 37 (7)：123~128.

［91］Jain D, Isheim D, Seidman D N. Carbon redistribution and carbide precipitation in a high-strength low-carbon HSLA-115 steel studied on a nanoscale by atom probe tomography［J］. Metallurgical and Materials Transactions A, 2017, 48 (7)：3205~3219.

［92］张植权, 周邦新, 蔡琳玲, 等. 利用 APT 研究 RPV 模拟钢中相界面原子偏聚特征［J］. 材料工程, 2014 (9)：89~93.

［93］Moon J, Park S J, Jang J H, et al. Atomistic investigations of κ-carbide precipitation in austenitic Fe-Mn-Al-C lightweight steels and the effect of Mo addition［J］. Scripta Materialia, 2017, 127：97~101.

［94］郑蕾, 蒋成保, 尚家香, 等. 立方结构 Fe 基磁性材料弹性系数第一性原理计算［J］. 物理学报, 2007, 56 (3)：1532~1537.

［95］孙博, 刘绍军, 段素青, 等. Fe 的结构与物性及其压力效应的第一性原理计算［J］. 物

理学报, 2007, 56 (3): 1598~1602.

[96] 卢志鹏, 祝文军, 卢铁城. 高压下 Fe 从 bcc 到 hcp 结构相变机理的第一性原理计算 [J]. 物理学报, 2013, 62 (5): 315~322.

[97] Faraoun H I, Zhang Y D, Esling C, et al. Crystalline, electronic, and magnetic structures of θ-Fe₃C, Χ-Fe₅C₂, and η-Fe₂C from first principle calculation [J]. Journal of Applied Physics, 2006, 99 (9): 093508~093516.

[98] 吕知清. 钢中渗碳体特性的理论计算与实验研究 [J]. 材料导报, 2009, 23 (12): 16.

[99] Lv Z Q, Zhang F C, Sun S H, et al. First-principles study on the mechanical, electronic and magnetic properties of Fe₃C [J]. Computational Materials Science, 2008, 44 (2): 690~694.

[100] Gorbatov O I, Korzhavyi P A, Ruban A V, et al. Vacancy-solute interactions in ferromagnetic and paramagnetic bcc iron: Ab initio calculations [J]. Journal of Nuclear Materials, 2011, 419 (1): 248~255.

[101] Ye F, Tong K, Wang Y K, et al. First-principles study of interaction between vacancies and nitrogen atoms in fcc iron [J]. Computational Materials Science, 2018, 149: 65~72.

[102] You Y W, Zhang Y, Li X, et al. Point defect induced segregation of alloying solutes in α-Fe [J]. Journal of Nuclear Materials, 2016, 479: 11~18.

[103] You Y, Yan J, Yan M, et al. La interactions with C and N in bcc Fe from first principles [J]. Journal of Alloys and Compounds, 2016, 688: 261~269.

[104] Huang S, Worthington D L, Asta M, et al. Calculation of impurity diffusivities in α-Fe using first-principles methods [J]. Acta Materialia, 2010, 58 (6): 1982~1993.

[105] Gao X, Ren H, Li C, et al. First-principles calculations of rare earth (Y, La and Ce) diffusivities in bcc Fe [J]. Journal of Alloys and Compounds, 2016, 663: 316~320.

[106] Zhang C, Fu J, Li R, et al. Solute/impurity diffusivities in bcc Fe: A first-principles study [J]. Journal of Nuclear Materials, 2014, 455 (1~3): 354~359.

[107] Chen L Q, Wang C Y, Yu T. Electronic effect of kink in the edge dislocation in bcc iron: A first principles study [J]. Journal of Applied Physics, 2006, 100 (2): 023715~023722.

[108] Itakura M, Kaburaki H, Yamaguchi M, et al. The effect of hydrogen atoms on the screw dislocation mobility in bcc iron: A first-principles study [J]. Acta Materialia, 2013, 61 (18): 6857~6867.

[109] Proville L, Ventelon L, Rodney D. Prediction of the kink-pair formation enthalpy on screw dislocations in α-iron by a line tension model parametrized on empirical potentials and first-principles calculations [J]. Physical Review B, 2013, 87 (14): 144106~144116.

[110] Lüthi B, Ventelon L, Rodney D, et al. Attractive interaction between interstitial solutes and screw dislocations in bcc iron from first principles [J]. Computational Materials Science, 2018, 148: 21~26.

[111] Arya A, Carter E A. Structure, bonding, and adhesion at the TiC(100)/Fe(110) interface from first principles [J]. The Journal of Chemical Physics, 2003, 118 (19): 8982~8996.

[112] 王海燕, 高雪云, 任慧平, 等. 稀土 La 在 α-Fe 中占位倾向及对晶界影响的第一性原

理研究 [J]. 物理学报，2014，63 (14)：148101~148105.

[113] Yuasa M, Hakamada M, Chino Y, et al. First-principles study of hydrogen-induced embrittlement in Fe grain boundary with Cr segregation [J]. ISIJ International, 2015, 55 (5)：1131~1134.

[114] Bleskov I, Hickel T, Neugebauer J, et al. Impact of local magnetism on stacking fault energies：A first-principles investigation for fcc iron [J]. Physical Review B, 2016, 93 (21)：214115~214125.

[115] 高雪云，王海燕，李春龙，等. 稀土 La 对 bcc-Fe 中 Cu 扩散行为影响的第一性原理研究 [J]. 物理学报，2014，63 (24)：341~345.

[116] 王海燕，高雪云，任慧平，等. Ni 对 bcc-Fe/ε-Cu 界面影响的第一性原理研究 [J]. 稀有金属，2016，40 (1)：92~96.

[117] 徐沛瑶，王宇飞，高海燕，等. 合金元素对 Cu/γ-Fe 界面特性影响的第一性原理研究 [J]. 中国有色金属学报，2018 (1)：39~45.

[118] Gopejenko A, Zhukovskii Y F, Kotomin E A, et al. Ab initio modelling of Y-O cluster formation in γ-Fe lattice [J]. Physica Status Solidi (B) Basic Research, 2016, 253 (11)：2136~2143.

[119] Lv Y, Hodgson P, Kong L, et al. Formation of nanoscale titanium carbides in ferrite：an atomic study [J]. Applied Physics A, 2016, 122 (3)：238~243.

[120] Zhuo Z, Mao H, Xu H, et al. Density functional theory study of Al/NbB$_2$ heterogeneous nucleation interface [J]. Applied Surface Science, 2018, 456：37~42.

[121] Zhao X, Zhang J, Liu S, et al. Investigation on grain refinement mechanism of Ni-based coating with LaAlO$_3$ by first-principles [J]. Materials & Design, 2016, 110：644~652.

[122] Sharma S P, Dwivedi D K, Jain P K. Effect of La$_2$O$_3$ addition on the microstructure, hardness and abrasive wear behavior of flame sprayed Ni based coatings [J]. Wear, 2009, 267 (5~8)：853~859.

[123] Wang F, Li K, Zhou N G. First-principles calculations on Mg/Al$_2$CO interfaces [J]. Applied Surface Science, 2013, 285：879~884.

[124] Li K, Sun Z G, Wang F, et al. First-principles calculations on Mg/Al$_4$C$_3$ interfaces [J]. Applied Surface Science, 2013, 270：584~589.

[125] Wang H L, Tang J J, Zhao Y J, et al. First-principles study of Mg/Al$_2$MgC$_2$ heterogeneous nucleation interfaces [J]. Applied Surface Science, 2015, 355：1091~1097.

[126] Li J, Zhang M, Zhou Y, et al. First-principles study of Al/Al$_3$Ti heterogeneous nucleation interface [J]. Applied Surface Science, 2014, 307：593~600.

[127] Liu S, Gao Y, Wang Z, et al. Refinement effect of TiC on ferrite by molecular statics/dynamics simulations and first-principles calculations [J]. Journal of Alloys and Compounds, 2018, 731：822~830.

[128] Hua G, Li C, Cheng X, et al. First-principles study on influence of molybdenum on acicular ferrite formation on TiC particles in microallyed steels [J]. Solid State Communications, 2018, 269 (Supplement C)：102~107.

［129］ Yang J, Hou X, Zhang P, et al. First-principles calculations on LaAlO$_3$ as the heterogeneous nucleus of austenite ［J］. Computational and Theoretical Chemistry, 2014, 1029: 48~56.

［130］ Jang J H, Lee C H, Heo Y U, et al. Stability of (Ti, M) C (M = Nb, V, Mo and W) carbide in steels using first-principles calculations ［J］. Acta Materialia, 2012, 60 (1): 208~217.

［131］ Guo J, Liu L, Liu S, et al. Stability of eutectic carbide in Fe-Cr-Mo-W-V-C alloy by first-principles calculation ［J］. Materials & Design, 2016, 106: 355~362.

［132］ Born B M, Huang K. Dynamical theory of crystal lattices ［M］. Clarendon Press: Oxford University Press, 1985.

［133］ 谢希德, 陆栋. 固体能带理论 ［M］. 上海: 复旦大学出版社, 2007.

［134］ Hartree D R. The wave mechanics of an atom with a non-coulomb central field. part I. theory and methods ［J］. Mathematical Proceedings of the Cambridge Philosophical Society, 2008, 24 (1): 89~110.

［135］ Fock V. Noherungsmethode zur Losung des quantenmechanischen mehrkorper-problems ［J］. Zeitschrift Physik, 1930, 61 (1): 126~148.

［136］ Hohenberg P, Kohn W. Inhomogeneous Electron Gas ［J］. Physical review, 1964, 136 (3B): 864~871.

［137］ Kohn W, Sham L J. Self-consistent equations including exchange and correlation effects ［J］. Physical review, 1965, 140 (4A): 1133~1138.

［138］ Cantor B. Heterogeneous nucleation and adsorption ［J］. Philosophical transactions of the royal society of London. Series A: Mathematical, Physical and Engineering Sciences, 2003, 361 (1804): 409~417.

［139］ Kim W T, Cantor B. An adsorption model of the heterogeneous nucleation of solidification ［J］. Acta Metallurgica et Materialia, 1994, 42 (9): 3115~3127.

［140］ Wang C, Dai Y, Gao H, et al. Ab initio molecular dynamics study of Fe adsorption on TiN (001) Surface ［J］. Materials Transactions, 2010, 51 (11): 2005~2008.

［141］ Lekakh S N, Medvedeva N I. Ab initio study of Fe adsorption on the (001) surface of transition metal carbides and nitrides ［J］. Computational Materials Science, 2015, 106: 149~154.

［142］ Fischer T H, Almlof J. General methods for geometry and wave function optimization ［J］. The Journal of Physical Chemistry, 1992, 96 (24): 9768~9774.

［143］ Yang Y, Lu H, Yu C, et al. First-principles calculations of mechanical properties of TiC and TiN ［J］. Journal of Alloys and Compounds, 2009, 485 (1): 542~547.

［144］ Dunand A, Flack H, Yvon K. Bonding study of TiC and TiN. I. High-precision X-ray-diffraction determination of the valence-electron density distribution, Debye-Waller temperature factors, and atomic static displacements in TiC 0.94 and TiN 0.99 ［J］. Physical Review B, 1985, 31 (4): 2299~2306.

［145］ Yang J, Huang J, Fan D, et al. First-principles investigation on the electronic property and bonding configuration of NbC (111)/NbN (111) interface ［J］. Journal of Alloys and

Compounds, 2016, 689: 874~884.

[146] Nartowski A M, Parkin I P, Mackenzie M, et al. Solid state metathesis: synthesis of metal carbides from metal oxides [J]. Journal of Materials Chemistry, 2001, 11 (12): 3116~3119.

[147] Grossman J C, Mizel A, Côté M, et al. Transition metals and their carbides and nitrides: Trends in electronic and structural properties [J]. Physical Review B, 1999, 60 (9): 6343~6347.

[148] Liu W, Liu X, Zheng W T, et al. Surface energies of several ceramics with NaCl structure [J]. Surface Science, 2006, 600 (2): 257~264.

[149] Lee D, Kim J K, Lee S, et al. Microstructures and mechanical properties of Ti and Mo micro-alloyed medium Mn steel [J]. Materials Science and Engineering: A, 2017, 706 (Supplement C): 1~14.

[150] Park N Y, Choi J H, Cha P R, et al. First-principles study of the interfaces between Fe and transition metal carbides [J]. Journal of Physical Chemistry C, 2013, 117 (1): 187~193.

[151] Hu H, Xu G, Wang L, et al. The effects of Nb and Mo addition on transformation and properties in low carbon bainitic steels [J]. Materials & Design, 2015, 84 (Supplement C): 95~99.

[152] Hashimoto S, Ikeda S, Koh-Ichi S, et al. Effects of Nb and Mo addition to 0.2%C-1.5%Si-1.5%Mn steel on mechanical properties of hot rolled TRIP-aided steel sheets [J]. ISIJ International, 2004, 44 (9): 1590~1598.

[153] Medvedeva N I, Murthy A S, Richards V L, et al. First principle study of cobalt impurity in bcc Fe with Cu precipitates [J]. Journal of Materials Science, 2013, 48 (3): 1377~1386.

[154] Jung J G, Park J S, Kim J, et al. Carbide precipitation kinetics in austenite of a Nb-Ti-V microalloyed steel [J]. Materials Science and Engineering: A, 2011, 528 (16): 5529~5535.

[155] Hugosson H W, Eriksson O, Jansson U, et al. Phase stabilities and homogeneity ranges in 4d-transition-metal carbides: A theoretical study [J]. Physical Review B, 2001, 63 (13): 134108.

[156] Gao X P, Jiang Y H, Liu Y Z, et al. Stability and elastic properties of Nb_xC_y compounds [J]. Chinese Physics B, 2014, 23 (9): 097704~097712.

[157] Ono K, Moriyama J. The phase relationships in the Nb-Ti-C system [J]. Journal of the Less Common Metals, 1981, 79 (2): 255~260.

[158] Stampfl C, Mannstadt W, Asahi R, et al. Electronic structure and physical properties of early transition metal mononitrides: Density-functional theory LDA, GGA, and screened-exchange LDA FLAPW calculations [J]. Physical Review B, 2001, 63 (15): 155106~155117.

[159] Fan X, Chen B, Zhang M, et al. First-principles calculations on bonding characteristic and electronic property of TiC(111)/TiN(111) interface [J]. Materials & Design, 2016, 112: 282~289.

[160] Hasegawa M, Yagi T. Systematic study of formation and crystal structure of 3d-transition metal

nitrides synthesized in a supercritical nitrogen fluid under 10GPa and 1800K using diamond anvil cell and YAG laser heating [J]. Journal of Alloys and Compounds, 2005, 403 (1): 131~142.

[161] Gall D, Kodambaka S, Wall M A, et al. Pathways of atomistic processes on TiN(001) and (111) surfaces during film growth: an ab initio study [J]. Journal of Applied Physics, 2003, 93 (11): 9086~9094.

[162] Jin N, Yang Y, Li J, et al. First-principles calculation on β-SiC(111)/α-WC(0001) interface [J]. Journal of Applied Physics, 2014, 115 (22): 223714~223724.

[163] Christensen M, Dudiy S, Wahnström G. First-principles simulations of metal-ceramic interface adhesion: Co/WC versus Co/TiC [J]. Physical Review B, 2002, 65 (4): 045408~045417.

[164] Jung J G, Shin E, Lee Y K. Separate evaluation of the kinetics of carbide precipitation occurring at the interface of preexisting particles and within the austenitic matrix in a microalloyed steel [J]. Metallurgical and Materials Transactions A, 2017, 48 (1): 76~85.

[165] Matsuo S, Ando T, Grant N J. Grain refinement and stabilization in spray-formed AISI 1020 steel [J]. Materials Science & Engineering A, 2000, 288 (1): 34~41.

[166] Adamczyk J, Kalinowska-Ozgowicz E, Ozgowicz W, et al. Interaction of carbonitrides V(C,N) undissolved in austenite on the structure and mechanical properties of microalloyed V-N steels [J]. Journal of Materials Processing Technology, 1995, 53 (53): 23~32.

[167] Ghosh P, Ghosh C, Ray R K. Thermodynamics of precipitation and textural development in batch-annealed interstitial-free high-strength steels [J]. Acta Materialia, 2010, 58 (11): 3842~3850.

[168] Ghosh P, Ray R K, Ghosh C, et al. Comparative study of precipitation behavior and texture formation in continuously annealed Ti and Ti+Nb added interstitial-free high-strength steels [J]. Scripta Materialia, 2008, 58 (11): 939~942.

[169] Hong S G, Jun H J, Kang K B, et al. Evolution of precipitates in the Nb-Ti-V microalloyed HSLA steels during reheating [J]. Scripta Materialia, 2003, 48 (8): 1201~1206.

[170] Hong S M, Park E K, Park J J, et al. Effect of nano-sized TiC particle addition on microstructure and mechanical properties of SA-106B carbon steel [J]. Materials Science and Engineering: A, 2015, 643: 37~46.

[171] Lee M K, Park E K, Park J J, et al. A nanoscale dispersion of TiC in cast carbon steel through a reaction in melt [J]. Materials Chemistry and Physics, 2013, 138 (2-3): 423~426.

[172] Chung S H, Ha H P, Jung W S, et al. An ab initio study of the energetics for interfaces between group V transition metal carbides and bcc Iron [J]. ISIJ International, 2006, 46 (10): 1523~1531.

[173] Mizuno M, Tanaka I, Adachi H. Chemical bonding at the Fe/TiX (X=C, N or O) interfaces [J]. Acta Materialia, 1998, 46 (5): 1637~1645.

[174] Sawada H, Taniguchi S, Kawakami K, et al. First-principles study of interface structure and

energy of Fe/NbC [J]. Modelling and Simulation in Materials Science and Engineering, 2013, 21 (4): 045012~045022.

[175] Jung W S, Chung S H, Ha H P, et al, An ab initio study of the energies of coherent interfaces formed between bcc iron and carbides or nitrides of transition metals [J]. Solid State Phenomena, 2007: 1625~1628.

[176] Li Y, Gao Y, Xiao B, et al. Theoretical calculations on the adhesion, stability, electronic structure, and bonding of Fe/WC interface [J]. Applied Surface Science, 2011, 257 (13): 5671~5678.

[177] Xie Y P, Zhao S J. First principles study of Al and Ni segregation to the α-Fe/Cu (100) coherent interface and their effects on the interfacial cohesion [J]. Computational Materials Science, 2012, 63: 329~335.

[178] Si Abdelkader H, Faraoun H I, Esling C. Effects of rhenium alloying on adhesion of Mo/HfC and Mo/ZrC interfaces: A first-principles study [J]. Journal of Applied Physics, 2011, 110 (4): 044901~044908.

[179] Ting S, Xiaozhi W, Weiguo L, et al. The mechanical and electronic properties of Al/TiC interfaces alloyed by Mg, Zn, Cu, Fe and Ti: First-principles study [J]. Physica Scripta, 2015, 90 (3): 035701~035706.

[180] Li H, Zhang L, Zeng Q, et al. Structural, elastic and electronic properties of transition metal carbides TMC (TM = Ti, Zr, Hf and Ta) from first-principles calculations [J]. Solid State Communications, 2011, 151 (8): 602~606.

[181] Nakamura K, Yashima M. Crystal structure of NaCl-type transition metal monocarbides MC (M = V, Ti, Nb, Ta, Hf, Zr), a neutron powder diffraction study [J]. Materials Science and Engineering: B, 2008, 148 (1): 69~72.

[182] Wang B W, Xie Y P, Zhao S J, et al. Density functional theory study of the influence of Ti and V partitioning to cementite in ferritic steels [J]. Physica Status Solidi (B), 2014, 251 (5): 950~957.

[183] Straumanis M, Kim D. Lattice constants, thermal expansion coefficients, density, and perfection of strucutre of pure iron and of iron loaded with hydrogen [J]. Z metallkunde, 1969, 60 (4): 272~277.

[184] Wang J W, Fan J L, Gong H R. Effects of Zr alloying on cohesion properties of Cu/W interfaces [J]. Journal of Alloys and Compounds, 2015, 661: 553~556.

[185] Li J, Yang Y, Li L, et al. Interfacial properties and electronic structure of β-SiC(111)/α-Ti(0001): A first principle study [J]. Journal of Applied Physics, 2013, 113 (2): 023516~023527.

[186] Li J, Yang Y, Feng G, et al. First-principles study of stability and properties on β-SiC/TiC(111) interface [J]. Journal of Applied Physics, 2013, 114 (16): 163522~163533.

[187] Lee S J, Lee Y K, Soon A. The austenite/ε-martensite interface: A first-principles investigation of the fcc Fe(111)/hcp Fe(001) system [J]. Applied Surface Science, 2012, 258 (24): 9977~9981.

[188] Razzak M A. Heat treatment and effects of Cr and Ni in low alloy steel [J]. Bulletin of Materials Science, 2011, 34 (7): 1439~1445.

[189] Wu Q, Zhang J, Sun Y. Oxidation behavior of TiC particle-reinforced 304 stainless steel [J]. Corrosion Science, 2010, 52 (3): 1003~1010.

[190] Fors D H R, Wahnström G. Theoretical study of interface structure and energetics in semicoherent Fe(001)/MX(001) systems (M=Sc, Ti, V, Cr, Zr, Nb, Hf, Ta; X=C or N) [J]. Physical Review B, 2010, 82 (19): 195410~195417.

[191] Uemori R, Chijiiwa R, Tamehiro H, et al. AP-FIM study on the effect of Mo addition on microstructure in Ti-Nb steel [J]. Applied Surface Science, 1994, 76-77: 255~260.

[192] Zhang Z, Sun X, Wang Z, Li Z, et al. Carbide precipitation in austenite of Nb-Mo-bearing low-carbon steel during stress relaxation [J]. Materials Letters, 2015, 159: 249~252.

[193] Segall M D, Shah R, Pickard C J, et al. Population analysis of plane-wave electronic structure calculations of bulk materials [J]. Physical Review B, 1996, 54 (23): 16317~16320.

[194] 杨佩儒, 杨重远, 朱贵星, 等. 初始组织对一种 Nb-Mo 微合金化中锰 TRIP 钢组织演变与力学性能的影响 [J]. 材料与冶金学报, 2018, 17 (2): 138~145.

[195] Zhang Z Y, Yong Q L, Sun X J, et al. Microstructure and Mechanical Properties of Precipitation Strengthened Fire Resistant Steel Containing High Nb and Low Mo [J]. Journal of Iron and Steel Research, International, 2015, 22 (4): 337~343.

[196] Jang J H, Heo Y U, Lee C H, et al. Interphase precipitation in Ti-Nb and Ti-Nb-Mo bearing steel [J]. Materials Science and Technology, 2013, 29 (3): 309~313.

[197] Enloe C M, Findley K O, Parish C M, et al. Compositional evolution of microalloy carbonitrides in a Mo-bearing microalloyed steel [J]. Scripta Materialia, 2013, 68 (1): 55~58.

[198] Zhou Y, Wang Z, Zhao J, et al. Energy for the interface system of (Nb,Mo)C/γ-Fe [J]. Applied Physics A, 2017, 123 (8): 509~519.

[199] 雍岐龙. 钢铁材料中的第二相 [M]. 北京: 冶金工业出版社, 2006.

[200] Yang Z G, Enomoto M. Calculation of the interfacial energy of B1-type carbides and nitrides with austenite [J]. Metallurgical and Materials Transactions A, 2001, 32 (2): 267~274.

[201] Yang Z G, Enomoto M. Discrete lattice plane analysis of Baker-Nutting related B1 compound/ferrite interfacial energy [J]. Materials Science and Engineering: A, 2002, 332 (1): 184~192.

[202] Yang Z G, Enomoto M. A discrete lattice plane analysis of coherent f.c.c./B1 interfacial energy [J]. Acta Materialia, 1999, 47 (18): 4515~4524.

[203] 张正延, 李昭东, 雍岐龙, 等. 升温过程中 Nb 和 Nb-Mo 微合金化钢中碳化物的析出行为研究 [J]. 金属学报, 2015, 51 (3): 315~324.

[204] 刘庆冬, 彭剑超, 刘文庆, 等. 回火马氏体中合金碳化物的 3D 原子探针表征Ⅱ. 长大 [J]. 金属学报, 2009, 45 (11): 1281~1287.

[205] 刘冬庆, 褚于良, 彭剑超, 等. 回火马氏体中合金碳化物的 3D 原子探针表征Ⅲ. 粗化

　　　　［J］. 金属学报，2009，45（11）：1297～1302.

［206］ Chen C Y, Chen C C, Yang J R. Microstructure characterization of nanometer carbides heterogeneous precipitation in Ti-Nb and Ti-Nb-Mo steel ［J］. Materials Characterization, 2014, 88: 69～79.

［207］ 潘金生，仝健民，田民波. 材料科学基础［M］. 北京：清华大学出版社，2011.

［208］ 张正延，孙新军，雍岐龙，等. Nb-Mo 微合金高强钢强化机理及其纳米级碳化物析出行为［J］. 金属学报，2016，52（4）：410～418.

［209］ Basso A, Toda-Caraballo I, San-Martín D, F. G. Caballero. Influence of cast part size on macro- and microsegregation patterns in a high carbon high silicon steel ［J］. Journal of Materials Research and Technology, 2020, 9（3）：3013～3025.

［210］ Yang Z G, Li S X, Zhang J M, et al. The fatigue behaviors of zero-inclusion and commercial 42CrMo steels in the super-long fatigue life regime ［J］. Acta Materialia, 2004, 52（18）：5235～5241.

［211］ Song Z H, Song H Y, Liu H T. Effect of cooling route on microstructure and mechanical properties of twin-roll casting low carbon steels with an application of oxide metallurgy technology ［J］. Materials Science and Engineering: A, 2021, 800: 140282～140294.

［212］ Lu B, Chen F R, Zhi J G, et al. Enhanced Welding Properties of High Strength Steel via Rare Earth Oxide Metallurgy Technology ［J］. Acta Metallurgica Sinica, 2020, 56（9）：1206～1216.

［213］ Song M, Song B, Zhang S, et al. Role of Lanthanum Addition on Acicular Ferrite Transformation in C-Mn Steel ［J］. ISIJ International, 2017, 57（7）：1261～1267.

［214］ Song M, Song B, Yang Z, et al, Effects of Mn and Al on the Intragranular Acicular Ferrite Formation in Rare Earth Treated C-Mn Steel, High Temperature Materials and Processes, 2017：683～692.

［215］ Adabavazeh Z, Hwang W S, Su Y H. Effect of Adding Cerium on Microstructure and Morphology of Ce-Based Inclusions Formed in Low-Carbon Steel ［J］. Scientific Reports, 2017, 7: 46503～46513.

［216］ Park J S, Lee C, Park J H. Effect of Complex Inclusion Particles on the Solidification Structure of Fe-Ni-Mn-Mo Alloy ［J］. Metallurgical and Materials Transactions B, 2012, 43（6）：1550～1564.

［217］ Yu Y C, Li H, Wang S B. Effect of yttrium on the microstructures and inclusions of EH36 shipbuilding steel ［J］. Metallurgical Research & Technology, 2017, 114（4）：410～417.

［218］ Sun D, Ding J, Yang Y, et al. First-principles investigation of hydrogen behavior in different oxides in ODS steels ［J］. International Journal of Hydrogen Energy, 2019, 44（31）：17105～17113.

［219］ Momma K, Izumi F. VESTA3 for three-dimensional visualization of crystal, volumetric and morphology data ［J］. Journal of Applied Crystallography, 2011, 44（6）：1272～1276.

［220］ Xiong H, Cao C, Chen G, et al. Revealing the adhesion strength and electronic properties of Ti_3SiC_2/Cu interface in Ti_3SiC_2 reinforced Cu-based composite by a first-principles study ［J］.

Surfaces and Interfaces, 2021, 27: 101467~101477.

[221] Wang Y, Liu X, Yang Q, et al. First principles calculation of interfacial stability, energy, and elemental diffusional stability of Fe(111)/Al$_2$O$_3$(0001) interface [J]. AIP Advances, 2019, 9 (12): 125313~125328.

[222] Zhong L, Wang Z, Chen R, et al. Effects of Yttrium on the Microstructure and Properties of 20MnSi Steel [J]. steel research international, 2021, 92 (11): 2100198~2100204.

[223] 熊辉辉, 刘昭, 张恒华, 等. 合金元素对钢中 NbC 异质形核影响的第一性原理研究 [J]. 物理学报, 2017, 66 (16): 316~323.

[224] Huang X, Xu L, Li H, et al. Two-dimensional PtSe$_2$/hBN vdW heterojunction as photoelectrocatalyst for the solar-driven oxygen evolution reaction: A first principles study [J]. Applied Surface Science, 2021, 570: 151207~151216.

[225] Smithells C J. Metals reference book [M]. Elsevier, 2013.